사계절
건강 수프

사계절 건강 수프

하마우치 치나미 지음
조혜정 옮김

프로젝트A

수프와 함께
따뜻한 하루의 시작을

식사를 할 때 빼놓을 수 없는 것, 그건 바로 밥과 곁들이는 "마실 것"이다. 고슬고슬 지어진 밥과 향긋하게 구워진 빵 같은 음식은 그 자체로 든든한 주식이다. 하지만 여기에 재료의 향과 맛을 살린 따뜻한 된장국이나 수프가 더해진다면, 한층 더 건강한 식사가 된다. 우리가 식사마다 곁들여 먹는 국은 훌륭한 아시아의 수프라고 할 수 있다. 이처럼, 어느 나라든 수프나 국이라고 할 수 있는 "마실 것"이 있다.

건강을 지키는 데는 이상적 식사가 무척 중요하다. 수프는 재료가 가진 영양과 성분을 없애지 않고 흡수할 수 있다는 장점이 있다. 어린아이에서부터 나이가 많은 어른까지, 다양한 연령대를 아우르며 만들 수 있다는 것도 수프 만들기의 큰 특징이다.

"수프의 장점을 살리고, 우리의 생활 리듬과 체질을 개선하는 수프는 어떨까?" 이러한 생각에서 『사계절 건강 수프』가 출발했다. 수프라고 하면 재료를 준비하고 시간을 들여 보글보글 끓이는 이미지가 강하다. 그러나 시간이 걸리면 실용성이 떨어지고 실행하기에도 쉽지 않다. 여기서는 시간을 단축하여 만들기 간단하고, 거기다 그때그때 필요한 영양을 제대로 섭취할 수 있는 "몸에 좋은 수프"를 소개한다.

따뜻한 기운을 통해 의욕을 불러일으키거나 고혈압을 억누르는 등 여기 실린 수프는 하나하나 각자의 효능이 있지만, 바로 구할 수 있는 재료를 써서 짧은 시간 안에 순식간에 만들 수 있는 것으로 구성했다. 그날그날 자기 몸 상태에 맞는 수프를 택해, 오늘부터 직접 만들어보자. 체질이 바뀌면, 분명 일상이 활기차고 즐거워진다.

하마우치 치나미

차례

1장 — 퀵 수프

아침이니까! 뜨거운 물만 부으면 끝 간단 수프

2장 — 모닝 수프

하루의 시작, 아침. 몸을 깨우는 수프

4장

베이스 야채 수프 + α

수프는 번거롭지 않아야 한다 베이스 야채 수프 +넣고 싶은 재료

5장

데일리 수프

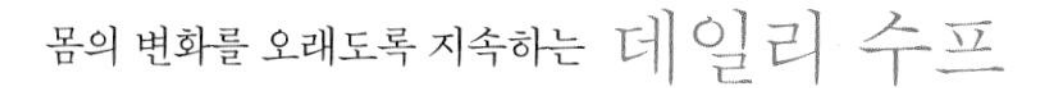

일러두기

- ▶ 이 책에서 소개하는 수프의 분량은 1그릇에 1인분을 기준으로 하지만, 만들기 쉬운 분량을 우선했습니다.
- ▶ 레시피에 나오는 분량은 1컵 200ml, 1큰술 15ml, 1작은술 5ml입니다. 1ml는 1cc입니다.
- ▶ 4장의 주요 식품성분은 "오정증보일본식품표준성분표"에 기초하여 정리되어 있습니다.
- ▶ 이 책은 의학서가 아닙니다. 병환에 대하여 자각증상이 있는 분은, 전문 의료기관에 방문하여 상담하시기 바랍니다.

아침에 먹는 수프,
저녁에 먹는 수프는 다르다.

체질개선 수프

몸 상태에 맞춰 아침, 점심, 저녁 하루에 3번 제대로 된 식사를 한다면 그보다 더 좋을 순 없다. 그러나 점심은 대개 외식을 하게 되고 부드러운 식사보다는 자극적인 밥이나 빵, 기름진 음식을 주로 먹게 된다. 영양적으로는 탄수화물과 기름진 음식을 과다섭취하는 셈이지만, 이것도 괜찮다 생각하면서 즐겁게 식사를 하고, 대신 아침과 저녁을 제대로 챙겨 먹자. 점심은 외식을 해도 아침과 저녁에 영양밸런스를 맞춘 수프를 먹는 패턴. 이를 습관화하면, 5대 영양소를 시작으로, 식물섬유, 화이트케미컬도 확실히 섭취할 수 있다.

수프는 쉽게 넘어가기 때문에 몸에 부담이 적고, 소화가 잘되고 몸에도 잘 흡수된다. 그날그날의 컨디션에 맞춰 아침에 어떤 수프로 어떤 효과를 보고 싶은지, 저녁에는 또 어떤 효과를 보고 싶은지 가려서 꾸준히 먹으면 분명 체질이 개선될 것이다.

① 아침에 효과 좋은 수프

아침 수프는 아직 잠에서 허우적대는 몸 곳곳을 빠르게 깨우고, 활동에 필요한 에너지를 보충할 수 있어야 한다. 무엇보다 아주 짧은 시간에 만들 수 있어야 한다.

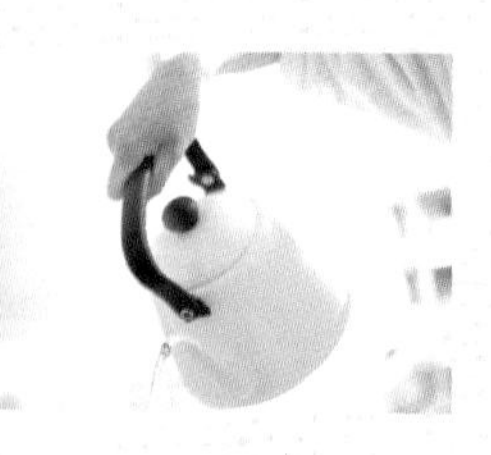

아침 수프는 빠르고 간단하게

재료를 그릇에 담고 끓는 물을 붓기만 하면 된다. 조금 더 시간을 들이고 싶을 때도 재료를 냄비에 넣고, 불에 올리기만 하면 완성. 1단계, 2단계. 단 2단계로, 바로 먹을 수 있는 레시피다.

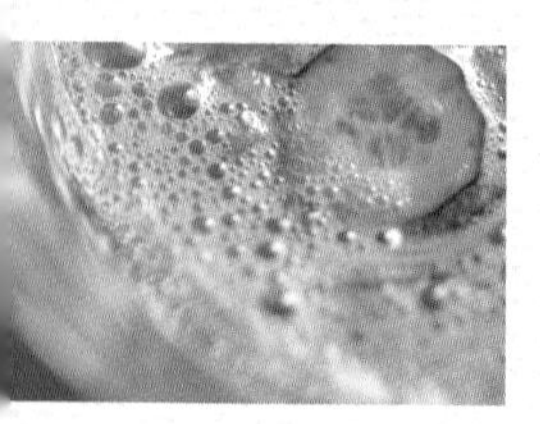

몸을 깨우는 스타터

누구나 일어났을 때 빨리, 개운하게 움직이고 싶을 터. 쌀쌀한 날에는 생강이나 고추를, 더운 날에는 몸을 차게 하는 토마토나 오이 등을 사용한 수프가 아침 스타터로 매우 제격이다.

낮 시간을 지탱하는 에너지원

생기 넘치는 낮 시간을 보내고 싶어도 몸이 둔하게 움직이면 그럴 수가 없다. 그럴 때 활력을 주는 아침 1인분 수프의 효과는 탁월하다. 남은 밥이나 손쉽게 구할 수 있는 식재료를 활용하여 간단히 만들 수 있다.

② 저녁에 효과 좋은 수프

저녁 식사는 하루를 릴랙스하는 데에 좋아야 한다. 빨리 만드는 것도 더없이 중요하다. 베이스 야채 수프를 만들어두고, 신선한 식재료를 더하기만 한다면 어떨까? 기호에 맞는 맛을 만들 수 있다. 또 체질개선을 꾀하고 싶을 때, 체질개선 수프를 먹고 잠들면, 분명 좋은 결과로 이어질 것이다.

빠르게 만들고, 느긋하게 먹자

수프를 비롯해 국물기가 있는 것들이 식탁에 놓여 있으면, 기분이 온화해진다. 다른 요리에서는 맛볼 수 없는, 수프에서만 맛볼 수 있는 특징이라고도 할 수 있다. 수프에는 릴랙스 효과가 있기 때문에 저녁에 먹는 한 그릇으로 메뉴에 꼭 넣어보자.

수프만으로도 만족스러운 저녁을

매일 배부른 저녁 식사는 건강에 좋지 않다. 건더기가 많은 야채 수프를 저녁으로 먹는 날을 따로 정하면 어떨까? 저녁으로 영양 성분, 식물섬유, 화이트케미컬을 섭취하면 개운한 아침을 맞이할 수 있을 것이다.

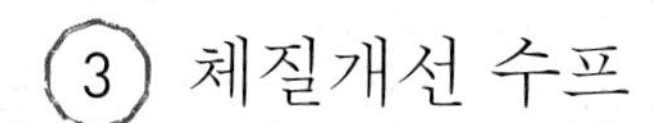

③ 체질개선 수프

수프는 액체 안에 재료를 넣고 가열하기 때문에, 재료 성분을 헛되지 않게 몸에 흡수시킬 수 있다. 그렇기 때문에 체질개선에 효과가 있는 재료를 사용한 수프를 꾸준히 먹으면 몸이 차차 변해갈 것이다.

새로운 수프의 법칙

영양을 우선시한다. 굳이 푹 삶지 않는다

"수프"라고 하면 제대로 푹 끓인 요리라는 이미지가 강하다. 확실히 딱딱한 야채를 사용할 경우 긴 시간 끓일수록 부드러워진다. 그러나 그만큼 재료가 가진 영양가는 잃어버리게 마련. 그러면 수프를 먹는 의미가 없다. 지나치게 푹 끓이지 않고 단시간에 만들면서도, 영양가를 우선하자. 오래 익혀야 하는 재료는 잘게 잘라 사용하면, 약간만 끓여도 충분히 익는다. 이처럼 조리하면, 영양을 지키면서 맛있는 수프를 만들 수 있다.

야채의 힘을 한껏 살려보자

하루에 섭취해야 하는 야채의 양은 약 350g이라고 한다. 한 끼당 약 120g이지만, 야채를 메인으로 한 수프라면, 가볍게 채울 수 있다. 샐러드로 먹을 경우, 안쪽의 부드러운 잎을 사용해야 좋지만, 수프는 잘게 조각내어 끓이기 때문에 바깥쪽 잎이나 껍질 상태로도 사용할 수 있다. 영양 성분이 껍질 바로 안쪽에 있는 야채도 많은 법이다. 바깥 잎이나 심을 헛되이 버리지 않고, 영양소나 화이트케미컬을 제대로 몸에 흡수시킬 수 있다.

염분은 알맞게

염분은 우리 몸에 꼭 필요한 미네랄이지만, 과하게 섭취하는 경향이 있다. 하루 섭취량은 1작은술로 겨우 6g이다. 고기나 야채 등의 식재 자체에도 나트륨은 포함되어 있기 때문에, 체력을 쓸 때 말고는, 식사를 제대로 한다면 우선 부족할 일은 없다. 수프 만들기에서 간을 맞출 때는, 1인분에 2g을 기준으로 한다. 물론 그 이하여도 상관은 없다. 맛이 좀 부족하다 싶을 때는 참깨나 김 등 맛이 강한 식재료를 사용하면 순한 맛이 과하지 않아 맛있게 먹을 수 있다.

다이어트 중인 사람이라면, 야채 수프를 메인으로

수프에는 고기, 해산물, 야채 등 폭넓은 재료를 사용할 수 있지만, 여기서는 야채를 주로 사용하여, 고기나 해산물은 말하자면 부재료로 사용하려고 했다. 또 밥이나 빵을 함께 먹을 때는, 야채 수프를 메인으로 한 식단을 짠다. 그렇게 하면, 무리 없이 칼로리를 낮출 수 있다. 극단적인 감량은 건강에 좋지 않기도 하고, 지속되기 힘들다. 많이 먹을 수 있는 수프 위주의 식사를 습관화하는 것. 이것이 칼로리 컨트롤을 길게 갖고 가는 비결이며, 확실하게 체질개선으로도 이어진다.

제철 채소를 먹자

하우스 재배 등이 활발해짐에 따라 야채에 제철이란 게 없어졌다고들 한다. 그러나 햇빛을 흠뻑 쬐고 자란 제철 노지 야채가 가장 맛있고, 또 깊은 맛도 영양도 많은 법이다. 제철일 때는 수확이 가장 왕성한 때이기도 하기 때문에, 가격도 적당하다. 그렇기 때문에 수프로 쓰는 재료도, 특정한 재료에 너무 구애되지 않도록 영양가 높은 제철 채소를 능숙하게 사용할 수 있도록 하자.

아침이니까! 뜨거운 물만 부으면 끝

간단 수프

아침은 자칫 시간에 쫓기고, 거기다 마음이 조급해져 허둥지둥하게 마련이다.
그럴 때야말로, 그릇에 재료를 담아 뜨거운 물을 붓는 것만으로도 다 되는
"퀵 수프"를 알고 있으면 굉장히 편리하다. 파바박하고 손쉽게 만들 수 있기 때문에,
아침뿐만 아니라 시간이 없을 때에도 유용할 거라고 장담한다.

상쾌한 아침을 위한

달걀과 매실장아찌 수프

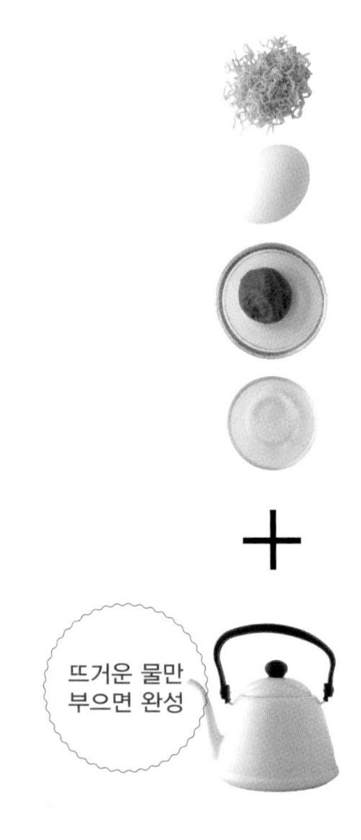

재료(1인분)

국물용 잔멸치… 1큰술(2g)
달걀… 1개
매실장아찌… 1개
소금… 기호대로
따뜻한 물… 1컵

93
kcal

개운하게 눈을 뜨려면, 충분한 수면을 취해 교감신경과 부교감신경의 밸런스를 가져가는 것이 좋다. 바쁘면 교감신경이 예민해지기 때문에 부교감신경을 보충하여 밸런스를 취해야 한다. 이를 활발하게 하는 것이 단백질에 포함된 아미노산이다. 거기에서 양질의 단백질인 달걀과 잔멸치를 사용하여 피로회복을 돕고, 에너지원이 되는 구연산을 포함한 매실장아찌를 더하여 뜨거운 물을 붓는다. 상쾌한 아침의 시작이 될 것이다.

몸을 따뜻하게 데우는

생강과 부추 수프

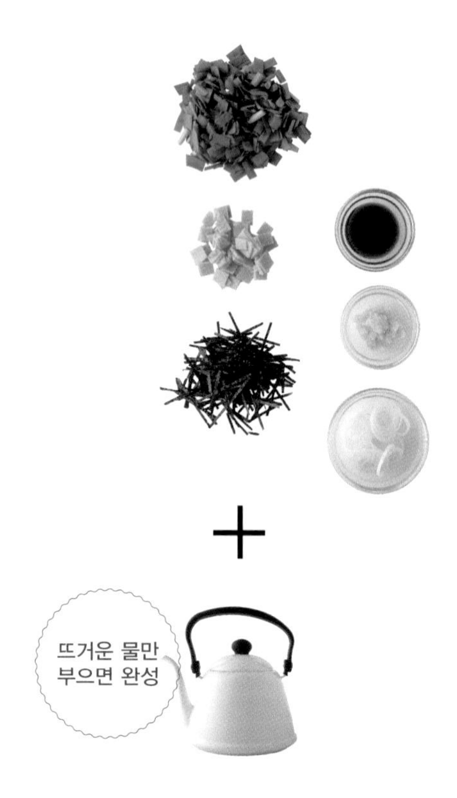

재료(1인분)

부추(1cm 폭으로 자른 것)… 3개(20g)
햄(1cm 크기로 네모 썰기한 것)… 1장(15g)
생강(껍질째 다진 것)… 1알(5g)
파(잘게 송송 썬 것)… 길이 2~3cm(10g)
구운 김… 기호대로
간장… 2작은술
뜨거운 물… 1컵

48
kcal

몸의 냉기는 원인이 확실하지 않은 경우가 많아 괴롭다. 특히 아침에, 일어나자마자가 힘들다. 그럴 때는 보온 효과가 있는 생강, 파, 부추를 넣은 수프를 마셔 원기를 불러일으킨다. 부추 냄새는 생강과 구운 김의 향기로 제거할 수 있기 때문에 아침이라 해도 걱정할 것 없다. 뜨거운 물을 부어 설익은 상태의 생강은 사박사박하고 씹는 느낌이 좋아 굉장히 맛있고, 몸의 중심부터 따뜻함을 채운다.

위를 활발하게 하는

참마와 낫토 수프

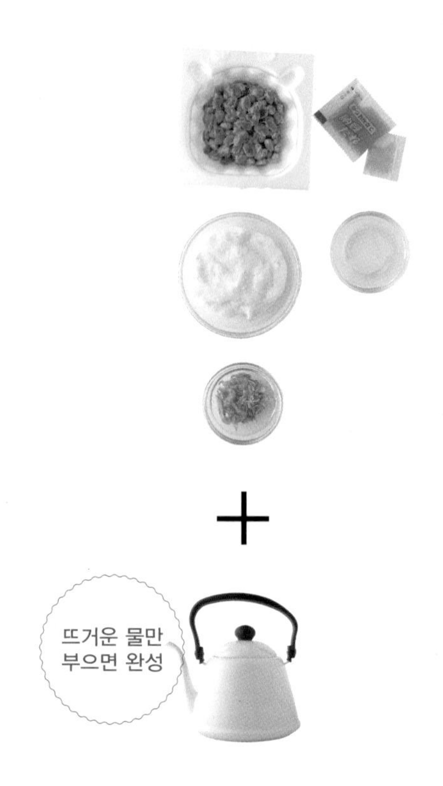

재료(1인분)

참마(잘게 간 것)… 50g

낫토 1팩… 40g

카라시(매운 맛이 나는 겨자소스)

낫토 조미료

* 카라시와 낫토 조미료는 낫토와 함께 포장된 것을 쓴다

젓새우(생새우)… 1~2큰술(2g)

소금… 약간

뜨거운 물… 1컵

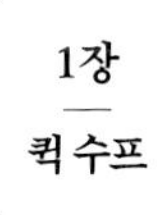

참마나 낫토에서 보이는 끈적끈적하고 미끈미끈한 것은 뮤신이라고 하며 위의 점막을 보호하는 효능이 있다. 더욱이 참마는 소화효소를 풍부하게 함유하여 한방에서는 자양강장의 근간이 된다. 낫토 효소에 있는 낫토키나아제에는 혈액순환에 도움을 주는 효능이 있어, 심근경색이나 동맥경화 예방을 기대할 수 있다. 이 두 가지 효소는 열에 약하지만, 이 수프는 따뜻한 물을 부을 뿐이라 효소의 효능도 제대로 살릴 수 있다.

다이어트에 좋은

미역과 명주다시마 수프

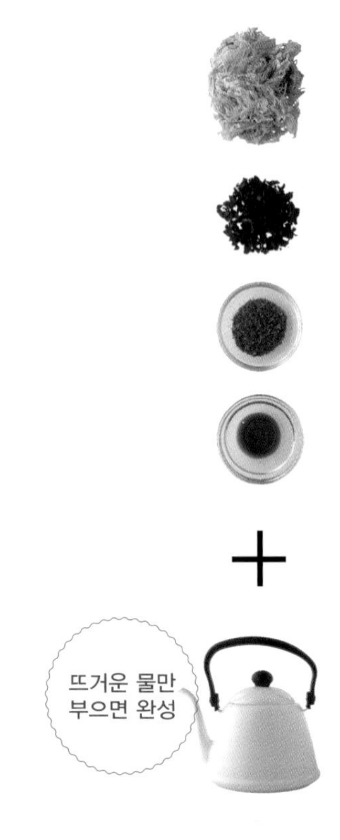

재료(1인분)

미역(말린 것)… 1큰술(2g)
명주다시마… 5g
파래… 1작은술(1g)
간장… 기호대로
뜨거운 물… 1컵

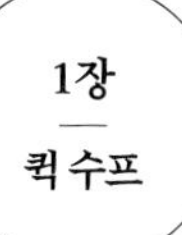

미역, 다시마, 김 등의 해조류는 칼륨이나 칼슘 등의 무기질이나 비타민류가 많은 것으로 유명한데, 베타카로틴이나 식물섬유도 굉장히 많다. 알긴산에는 콜레스테롤을 낮추는 작용도 있다. 거기다 둘 다 저칼로리. 포만감도 얻을 수 있기 때문에 다이어트에 적합하다. 미역과 다시마가 염분을 함유하고 있기 때문에 간장은 향을 내는 정도로만 사용하면 된다.

미소국으로 활력 있게

미소를 메인으로 한 수프

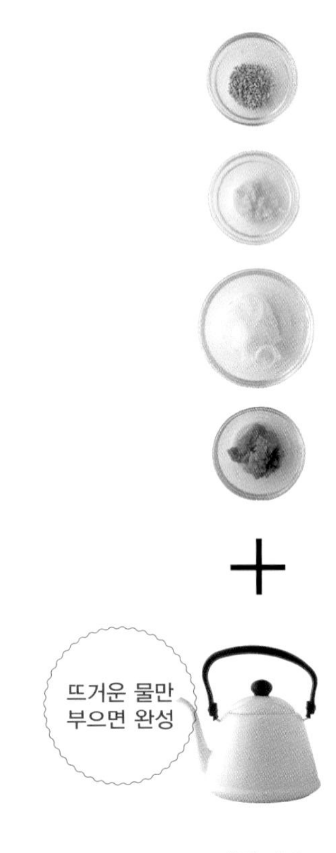

재료(1인분)

참깨… 적당량

생강(잘게 다진 것)… 1/2작은 술(2g)

파(잘게 송송 썬 것)… 1~2cm 길이(5g)

미소… 5g

뜨거운 물… 1컵

아침에 따뜻한 미소국을 후루룩 마시면 기분이 온화해지고, 몸 안쪽에서부터 기운이 솟는다. 하지만 미소국이 번거롭다는 인식이 있는데, 그런 사람에게 추천하고 싶은 것이 미소완자다. 파와 생강 등 뜨거운 물을 붓기만 해도 먹을 수 있는 재료를 된장과 함께 1인분씩 래핑해 포장해둔다. 이것을 냉장 혹은 냉동해 보관하는 것이다. 마시고 싶을 때 그릇에 퐁 넣고, 뜨거운 물을 넣기만 하면 된다. 바로 미소국을 맛볼 수 있다. 편리하다!

▶된장완자의 재료로는, 그 밖의 건조 미역, 가쓰오부시, 유부, 배추 등 여러 가지를 쓸 수 있다.

간보기를 반복하자

요리를 할 때는 간보기가 중요하다. 간을 보지 않고도 맛이 조화로운 요리가 있을 수 없다.
같은 요리라 해도, 재료의 질도 다르고, 계절도 다르다. 게다가 누가 먹을 것이냐에 따라서도 달라진다. 요리는 그러한 조건을 다양하게 조합하면서 하나의 형태를 만들어내는 작업이다. 레시피대로 만들어도, 매번 맛은 미묘하게 달라진다. 그렇기 때문에 맛을 확인하면서 해야 되는 것이다.
식재료는 출하되는 시기에 따라 그 질이 차이가 난다. 예를 들어, 무 하나만 보더라도 겨울에는 윤이 나고 싱싱한 데다 맛을 좋게 하는 성분이 많아 단맛이 나지만, 여름에는 질긴 경향이 있고, 쓴맛이 난다는 식이다. 게다가 먹을 때 몸 상태가 어떻느냐에 따라, 같은 요리라도 짜게 느껴지는가 하면, 한여름 더위에 먹으면 약간 싱겁다 생각되기도 한다.
레시피대로 하면 어지간하면 맛있게 요리될 때도 있다. 하지만 위와 같은 여러 조건을 고려하여 그때마다 임기응변할 수 있는 플러스알파의 조리법이 필요하다.
어떻게 하면 되는 걸까?
간단하다. 간을 보는 것이다. 자기 혀로 맛이 싱거운가 진한가, 맛있는지 뭐가 부족한지를 매번 판단하는 것이다. 만약 뭔가 빠진 느낌이 난다면, 소금을 더 넣을지 아니면 다른 조미료를 더할지를 생각하며 조정하여, 만족하는 맛을 만들어낸다.
맛을 낼 때 우선 간을 본다. 간보기를 반복하는 것이 중요하다. 결코 어렵지 않다. 다만 간을 반복해서 보려면 요리를 많이 해야만 한다. 그러는 사이에 점차 나만의 맛 기준이 생기고 맛이 제대로 나고 있는지 어떤지 자연스레 알게 되는 것이다.

그러면 일일이 레시피를 보지 않고도 어느 정도로 맛을 내면 좋을지 알게 된다. 그리고 요리를 완성했는데 맛이 좀 이상하더라도 자기 감각으로 더하고 덜하기도 쉬워진다.
이것이 바로 간보기의 중요성이다. 다른 요리를 할 때처럼 수프를 만들 때도 간보기를 빼먹지 않도록 하자.

2장

모닝 수프

하루의 시작, 아침.

몸을 깨우는 수프

"아침이다! 자, 이제 활기차게 시작해볼까!"
하지만 이렇게 활기차게 시작되는 날이 흔하지는 않다.
야근이나 회식으로 인해 전날 밤 늦게 들어왔다면 다음 날 눈은 떠져도
몸은 아직 하루를 시작할 준비가 되지 않았을 터. 그런 우울한 아침에는
기분을 상쾌하게 하는 아침 기상 수프를 추천한다.
조금만 끓여도 금방 완성된다. 몸에 좋은 수프를 마시고
오늘 하루를 활기차게 시작해보자.

36
kcal

신선함과 아삭함을 함께

야채 3종 수프

맛이 진하지 않은 녹색 야채 3종과 붉은 매실장아찌를 조합해봤다. 보기에도 시원하고, 아삭하는 느낌이 기분 좋은 수프다. 칼슘과 칼륨 등도 제대로 담아낸다. 무더운 여름에는 차갑게 먹어도 좋다.

재료(1인분)

양배추… 1장(50g)
샐러리… 20g
경수채… 1/2장(50g)
매실장아찌… 1개
물… 1.5컵
소금… 약간
▶소금의 양은 매실장아찌의 염도를 고려하여 가감하자.

만드는 법

1 냄비에 물을 넣어 끓이고, 양배추와 샐러리를 가늘게 채썰어 잘게 썬 경수채, 매실장아찌 과육을 넣고, 중불에서 가열한다.

2 야채가 약간 투명해지고 씹는 맛이 남는 정도로 익으면, 소금으로 간한다.

76
kcal

몸을 깨우는 녹황색 채소와 양질의 단백질

3색 야채와 우유 수프

녹황색 채소인 소송채, 당근, 파프리카와 양질의 단백질인 우유로 건강함을 더했다. 일어나자마자 마시는 수프이기 때문에 우유뿐만 아니라 물을 넣어 먹기 좋게 농도를 조절하자.

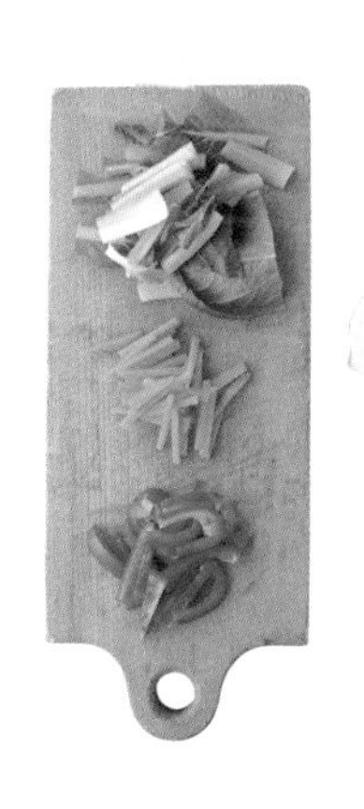

재료(1인분)

소송채… 1장(60g)
당근… 1/5개(30g)
파프리카… 1/2개(50g)
우유(저지방)… 1/2컵
물… 1컵
소금… 1/3작은술(2g)
후추… 기호대로

만드는 법

1 냄비에 가늘게 썬 당근과 폭 1cm로 채썬 파프리카를 넣고, 물을 부어 중불에서 가열한다.

2 끓기 시작하면 알맞게 썰어둔 소송채를 넣고, 한 번 더 끓이다가 우유를 넣는다. 야채가 골고루 익어 따뜻해지면 소금, 후추를 넣어 간한다.

116
kcal

약해진 간 기능을 활발하게

버섯과 토마토와 달걀을 넣은 수프

계란을 풀어 약간 걸쭉한 느낌을 준 수프. 버섯은 식물섬유가 풍부해 지방질이나 당분의 흡수를 억제하여 배출하는 효과가 있고, 토마토는 베타카로틴이나 리코펜이 풍부하다. 이 두 가지를 질 좋은 단백질이 많은 달걀과 조합하여 간기능을 활발히 해보자.

재료(1인분)

만가닥버섯… 1팩(100g)
토마토(익힌 것)… 50g
달걀… 1개
물… 1.5컵
소금… 1/3작은술(2g)
후추… 약간
녹말가루… 1큰술
(물과 녹말가루를 같은 분량으로 섞은 것)

만드는 법

1 냄비에 물, 밑둥을 자른 버섯, 토마토를 넣는다. 토마토를 숟가락으로 으깨면서 중불로 가열하고, 소금 후추로 간한다.

2 준비한 녹말가루를 더하여 걸쭉함을 더하고, 달걀 푼 것을 전체에 흘려 넣는다. 달걀이 뜨기 시작하면 불을 끈다.

211
kcal

든든한 데다 다이어트 효과도 있는

감자 포타주

감자는 비타민C와 칼륨이 풍부하고 지방질이나 당분을 연소시키는 오스모틴도 함유하고 있다. 포만감을 느끼게 하는 호르몬 분비를 돕는 감자 단백질이 효과를 발휘하기 때문에 든든함을 느끼는 데 좋고, 저칼로리라 메타볼릭 신드롬(대사증후군)도 개선할 수 있습니다.

재료(1인분)

감자… 1알(150g)
두유(무조정)… 1컵
소금… 1/3작은술(2g)
후추… 약간

만드는 법

1 감자는 껍질 그대로 전자렌지(600W)에 넣어, 5분간 가열하여 부드럽게 한다. 냄비에 넣고, 나무 주걱으로 잘게 으깬다.

2 두유를 넣고, 냄비 밑에서부터 전체를 섞으면서 중불 정도로 가열한다. 따뜻해지면 소금, 후추로 간한다.

78
kcal

숙취로 괴로운 아침에 효과 좋은

재첩 미소 수프

재첩 미소국은 술 마시고 난 다음 날 아침에 효과 좋기로 손에 꼽힌다. 재첩은 겨울에는 자양을 돕고, 여름을 타는 것도 방지한다고 한다. 소화를 돕는 무는 취향에 따라 잘게 갈아 넣어도 좋다. 괴롭기만 한 숙취가 나도 모르는 사이 빠져나간다고 장담한다.

재료(1인분)

재첩… 약 1/3컵(50g)
무(가늘게 채썬 것)… 길이 4cm(150g)
미소… 2/3큰술(12g)
물… 1과 1/2컵

만드는 법

1 냄비에 비벼서 씻은 바지락과 무를 넣고, 물을 부은 다음 중불에서 가열한다. 거품이 뜨면 제거한다.
2 재첩 입이 열리고 무가 투명해지면, 미소를 풀어서 간한다.

273
kcal

아침 식사는 이것으로 끝!

밸런스가 좋은 밥 수프

아침 식사를 제대로 먹고 싶을 때 안성맞춤인 수프. 베타카로틴, 철분, 칼륨이 풍부한 시금치를 잔뜩 사용한다. 베이컨, 대두, 남은 밥을 사용하여 먹으면 든든하다. 유음료(우유 첨가 음료)와 영양 밸런스가 좋은 수프다.

재료(1인분)

시금치(폭 1cm로 자른 것)… 2장(60g)
대두(삶은 것)… 50g
베이컨(1cm로 깍뚝썬 것)… 1장(15g)
밥… 1/3공기(50g)
우유(저지방)… 1/2컵
물… 1컵
소금… 1/3작은술(2g)
후추… 기호대로

만드는 법

1 냄비에 물을 넣고, 베이컨, 대두, 밥을 넣어 중불로 가열한다.

2 끓기 시작하면, 우유를 넣어 한 번 더 가열한다.

3 시금치를 넣고, 소금, 후추로 간한다. 시금치가 익었다면 완성이다.

295
kcal

활기가 감도는 하루를 시작하는

햄에그 빵 수프

파는 부추와 마늘 등과 비슷한 부류로, 힘을 불러일으키는 야채다. 파에 햄과 달걀을 더했다. 잘게 찢은 식빵이 부드러워, 파를 씹는 느낌과 향을 북돋는다. 이 한 그릇이면 의욕적인 하루를 시작할 수 있다.

재료(1인분)

파(얇게 송송 썬 것)… 1개(100g)
햄(1cm 깍뚝썬 것)… 2장(30g)
식빵(8조각으로 찢은 것)… 1장(45g)
달걀… 1개
물… 1.5컵
소금… 1/3작은술(2g)
후추… 기호대로
분말치즈… 1큰술

만드는 법

1 냄비에 물을 넣고, 파, 햄, 식빵을 넣은 뒤 중불에서 가열한다.
2 끓기 시작하면, 달걀을 나눠 넣으면서 한 번 더 가열한다. 달걀이 기호에 맞게 익었으면, 소금, 후추로 간한다. 그릇에 담고, 분말치즈를 뿌린다.

382
kcal

든든함을 더하는

연어와 브로콜리 밥 수프

남은 밥과 소금에 절인 연어를 이용하여 만든 수프. 콩비지와 우유로 단백질을, 브로콜리로 비타민C, 베타카로틴, 식물섬유를 취한다. 야채는 브로콜리뿐만 아니라, 녹황색 채소 등 손쉽게 구할 수 있는 것도 좋다.

재료(1인분)

밥… 약 2/3공기(100g)
브로콜리(다진 것)… 50g
소금에 절인 연어(얼간한 것)… 1/2크기(40g)
콩비지… 20g
우유(저지방)… 1컵
소금… 기호대로
후추… 기호대로

만드는 법

1 냄비에 조미료 이외의 재료를 전부 넣고, 전체를 가볍게 섞어주면서 중불에서 서서히 가열한다.

2 한 번 더 끓이고 맛을 본 다음 소금, 후추로 간한다.

▶소금에 절인 연어는 염분이 골고루 퍼져 있지 않기 때문에 꼭 간을 본 다음 소금을 넣는다.

306
kcal

배를 든든히 하고 혈액순환을 돕는

마카로니가 들어간 파스타 수프

이번에 수프에 들어가는 재료는 소시지와 양파, 당근. 마카로니는 씹는 맛이 있어 포만감이 든다. 양파와 당근도 큼직하게 썰어, 머스터드가루의 산미와 매콤함으로 포인트를 준다. 꼭꼭 씹어 먹는 것도, 배를 든든하게 하는 데 좋다.

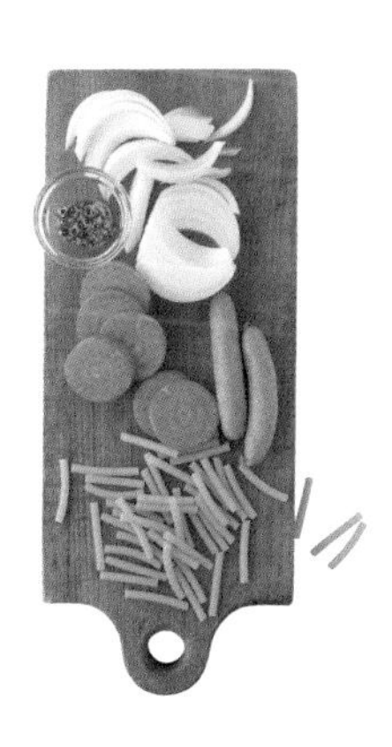

재료(1인분)

당근(얇게 통썬 것)… 1/4개(50g)
양파(빗모양으로 썬 것)… 1/2개(100g)
소시지… 2개(40g)
마카로니… 30g
물… 1과 1/2컵
머스터드가루… 1작은술
소금… 1/3작은술(2g)

만드는 법

1 냄비에 물과 당근을 넣고 중불로 가열하여 끓어오르면 양파, 소시지, 마카로니를 넣고, 마카로니가 부드러워질 때까지 5분 전후(제품에 따라 다름)로 익힌다.

2 소금으로 간하고, 머스터드가루를 넣어 골고루 섞어준다.

323
kcal

활기 가득!

카레 수프

매운 효과가 있는 카레루는 건강의 근원이다. 두부와 믹스베지터블 등 냉장고에 있는 재료를 사용하면, 시간이 부족한 아침에도 간단하게 만들 수 있다. 더운 계절에는 시원하게, 추운 계절에는 따끈따끈하게 몸을 데워준다.

재료(1인분)

두부… 1/3개(100g)
소시지(2~3cm 두께로 통썰기)… 2개(40g)
믹스베지터블(냉동)… 50g
카레루… 1개(16g)
물… 1컵

만드는 법

1 냄비에 물을 넣어, 소시지와 믹스베지터블을 넣고, 중불로 한껏 끓인다.

2 카레루를 넣고 잘 녹게 저어준다. 두부를 손으로 잘게 부숴 넣고, 1~2분 함께 저어 데운 다음 간한다.

212
kcal

쌀전분으로 만든
쌀국수 면발을 사용한

저칼로리 에스닉풍 수프

익혀 먹기 좋은 쌀국수를 사용한 아시아풍 수프다. 쌀국수는 가위로 적당한 길이로 잘라 쓴다. 돼지고기와 옥수수를 넣어 포만감을 더하고, 샐러리는 잎 부분을 생으로 곁들여서, 잔열을 이용해 절반은 생생한 상태로 더하면 신선한 향을 즐길 수 있다.

재료(1인분)

쌀국수… 20g
다진 돼지고기… 20g
옥수수(냉동)… 50g
샐러리(잎 부분)… 15g
물… 1과 1/2컵
스위트칠리소스… 1큰술
소금… 약간
후추… 기호대로

만드는 법

1 쌀국수는 냄비 안에서 가위를 이용해 길이 2~3cm로 자른다. 물을 넣고 중불에서 3분 정도 가열한 다음, 돼지고기와 옥수수를 넣고, 돼지고기가 익을 때까지 끓인다.

2 스위트칠리소스, 소금, 후추로 간을 하고 그릇에 담는다.

▶샐러리의 잎은 취향에 따라 다른 재료와 함께 끓여도 좋다.

188
kcal

포만감을 주며
생활습관병 예방에 효과 좋은

대두 포타주

밭에서 나는 고기라고 알려진 대두를 주 재료로 하여, 생활습관병에 예방효과를 준 포타주. 데친 재료를 믹서에 갈고, 다시 냄비로 돌아와서 데우고 간한다. 퓨레 상태이기 때문에, 당근이나 양파를 싫어하는 사람도 거부감 없이 먹을 수 있다.

재료(1인분)

대두(삶은 것)… 100g
당근(1cm 깍뚝썬 것)… 1/8개(20g)
양파(1cm 깍뚝썬 것)… 1/4개(50g)
옥수수(냉동)… 20g
잎새버섯… 20g
물… 1컵
소금… 1/3작은술(2g)
후추… 기호대로

만드는 법

1 냄비에 물과 재료를 넣고, 부드러워질 때까지 가열한다.

2 불에서 내리고 잔열이 있을 때, 믹서에 넣고 잘 섞는다.

3 냄비로 돌아와서 다시 가열하고, 소금, 후추로 간한다.

열에 강한 야채와 열에 약한 야채

야채는 가열하면 영양 성분이 없어져버린다고 생각되곤 한다.

열로 인해 영양 성분이 사라지는지 아닌지는 그것이 어떤 성분을 지녔는지에 따라 다르다. 미네랄, 지용성비타민, 식물섬유 등은 열에 강하기 때문에, 손실 없이 몸에 흡수된다. 비타민B_1이나 비타민C 등의 수용성비타민, 효소 등은 가열하면 크게 파괴된다. 또 수용성비타민류는 물에 녹는데, 수프로 만들면 그 성분들을 모두 흡수할 수 있다.

가열하면 야채 등은 부피가 줄어 많이 먹을 수 있어, 열로 잃은 성분을 빼더라도 보다 많이 흡수할 수 있다. 그렇기 때문에, 야채에 불을 가했다고 흡수하는 영양 성분도 줄 거라고 말하기는 힘들다.

감자 등의 뿌리식물류에 포함된 비타민C는 비교적 열에 강하다. 그렇기 때문에, "비타민C=열에 약하다"고 단정할 수는 없다. 뿌리 종류 외에, 콜리플라워가 갖고 있는 비타민C도 열에 강하다고 알려져 있다.

당근, 토마토, 콜리플라워 등 녹황색 채소 성분에 있는 베타카로틴이나 비타민E는, 기름과 함께 가열해 조리하면 흡수율이 높아진다. 그렇기 때문에 수프 등을 만들 때도, 처음에 야채를 기름에 볶거나 마무리할 때에 기름을 더하여, 영양 흡수력을 높이면 좋다. 파, 당근, 부추 같은 채소는 옛날부터 훈채(葷菜)라고 하며, 자양강장에 좋다고 일컬어진다. 양파를 포함한 이들 백합과의 채소는 황화알릴을 함유하여 살충 작용이 강하고, 대사를 촉진하거나 혈액순환을 좋게 해준다. 날것으로 먹는 편이 효과는 크지만, 자극이 강하기 때문에 가열하는 편이 먹기에는 편하다.

한편, 열에 약한 것에는, 무나 순무 등 십자화과의 야채, 참마 등을 들 수 있다. 무에 포함된 효소인 디아스타아제나 참마의 효소는 위의 소화를 돕는 효과가 있지만, 가열하면 그 효과가 사라져버린다. 오이나 가지 등 여름 채소에는 혈압을 낮추는 작용을 하는 칼륨이 큰 비중으로 함유된 것이 많은데, 이 칼륨도 가열하면 효과가 옅어진다.

채소는 냉동해도 그 영양 성분은 대부분 변하지 않는다고 한다. 다만, 해동할 때에 세포가 파괴되어 안의 성분이 수분과 함께 밖으로 배출되면, 그만큼 영양가는 없어진다. 맛도 열화되어버린다. 역으로 버섯류는 해동할 때 세포조직이 파괴되기 때문에 안에 묶인 맛 성분이 밖으로 나오기 쉬워지는 이점이 있다.

이렇듯, 야채는 어떤 온도를 가하느냐에 따라 성분이 변화하기도 한다. 능숙하게 나누어 사용하자.

3장

이브닝 수프

저녁 수프야말로

건강 수프

즐거운 식사는 기분전환이 되므로 무척 중요하다.
하지만, 잠시만 방심하면 저녁에 먹는 식사는 칼로리를 훌쩍 넘어서기 쉽기에
고민이다. 그런 고민이 있다면 영양과 칼로리의 밸러스가 좋은 건강 수프를 추천한다.
그날의 컨디션에 맞춘 레시피로, 오히려 식사를 망치기 쉬운 저녁을 이용해
몸 안쪽에서부터 체질을 개선해나가는 것이다.

식물섬유를 취하고 싶을 때

건어물 3종이 담긴 걸쭉한 미소 수프

톳 : 식물섬유 ···› 변비 해소, 비만 예방
콩비지 : 식물섬유 ···› 내장환경 개선, 변비 해소
말린 무 : 식물섬유 ···› 변비 해소, 동맥경화 예방

재료(1인분)

톳(건조한 것)··· 5g
콩비지··· 20g
말린 무··· 5g
파(폭 1cm로 송송 썬 것)··· 2g
미소··· 1큰술
물··· 1과 1/2컵
녹말가루··· 1큰술
(물과 녹말가루를 같은 비율로 섞은 것)
시치미··· 기호대로

만드는 법

1 냄비에 물과 재료를 넣고, 부드러워질 때까지 가열한다.

2 불에서 내리고 잔열이 있을 때, 믹서에 넣고 잘 섞는다.

3 냄비로 돌아와서 다시 가열하고, 소금, 후추로 간한다.

90
kcal

면역력을 높이고 싶다면

야채 듬뿍 김치 수프

양배추 : 황류화합물, 비타민C ···› 면역력, 감기 예방, 피부 미용
양파 : 황화알릴 ···› 혈액순환
버섯 : 베타글루칸 ···› 면역력
김치 : 유산균 ···› 면역력, 발한, 자양강장
요구르트 : 유산균 ···› 면역력, 정장작용, 자양강장

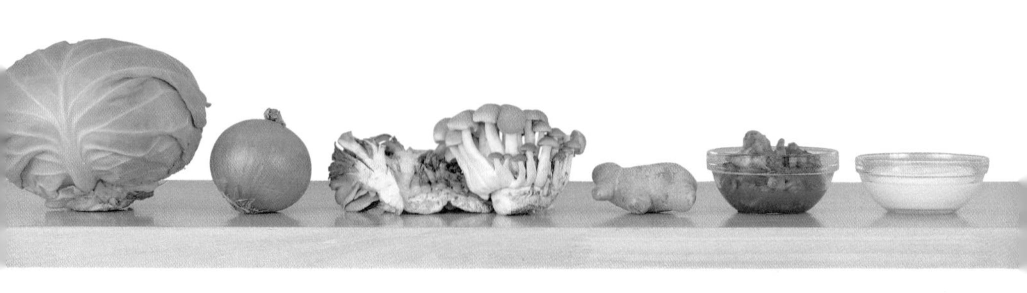

재료(1인분)

양배추(큼직하게 채썰기)··· 2장(100g)
양파(얇게 나박썰기)··· 1/4개(50g)
잎새버섯··· 25g
만가닥버섯··· 25g
김치(국물 포함)··· 50g
요거트··· 1큰술
생강(다진 것)··· 약간
물··· 1과 1/2컵

만드는 법

1 잎새버섯은 손으로 분리하고, 만가닥버섯은 밑둥을 잘라 찢어놓는다.
2 냄비에 요거트 이외의 재료와 물을 넣고, 중불에서 가열한다.
3 그릇에 담고, 요거트를 뿌린다.

83
kcal

디톡스를 원할 때

저칼로리 카레 수프

팽이버섯 : 가바(감마아미노산), 비타민B_1, 니코틴산아미드 ···› 에너지대사, 피로회복
실곤약 : 글루코만난 ···› 정장작용, 노폐물 배출, 저칼로리
카레가루 : 각종 향신료 ···› 지방 연소, 발한, 피로회복

재료(1인분)

팽이버섯··· 100g
실곤약··· 200g
카레가루··· 1작은술
가쓰오부시··· 2g
실파(잘게 송송 썬 것)··· 기호대로
물··· 1과 1/2컵

만드는 법

1 팽이버섯은 밑둥을 떼어내 버섯을 분리하고, 여러 갈래로 찢는다. 실곤약은 열탕에서 데치고, 먹기 좋은 길이로 자른다.

2 냄비에 물, 팽이버섯, 실곤약, 가쓰오부시를 넣고 중불에서 가열한다.

3 팽이버섯이 익으면 카레가루를 풀고, 소금으로 간한다. 그릇에 담고 실파를 뿌린다.

49
kcal

숙면하고 싶을 때

새우와 조개를 넣은 크림 수프

브로콜리 : 베타카로틴, 비타민C ···› 항산화 작용
우유 : 칼슘, 오피오이드펩티드 ···› 초조감 해소, 숙면 효과
조개관자 : 비타민B_{12} ···› 숙면 효과
새우 : 글리신 ···›항산화작용, 숙면 효과, 보습 작용

재료(1인분)

브로콜리(줄기와 분리해서 다듬은 것)··· 100g
조개관자··· 3개(30g)
새우(머리를 떼고 껍질 벗긴 것)··· 2미(40g)
양파(슬라이스한 것)··· 1/4개(50g)
우유(저지방)··· 1과 1/2컵
소금··· 1/3작은술(2g)
후추··· 약간

만드는 법

1 냄비에 우유를 넣고, 브로콜리와 양파를 더하여 중불 정도로 가열한다.

2 브로콜리가 익으면 조개관자와 껍질 벗긴 새우를 넣고 익힌 다음, 소금, 후추로 간한다.

251
kcal

기운 없을 때

돼지고기와 파를 넣은 카레 수프

돼지고기 : 비타민B_1 ⋯➝ 에너지대사, 피로회복
양파, 파 : 황화알릴, 칼륨, 비타민B_1 ⋯➝ 항산화 작용, 피로회복, 자양강장
카레가루 : 각종 향신료 ⋯➝ 지방 연소, 발한, 피로회복

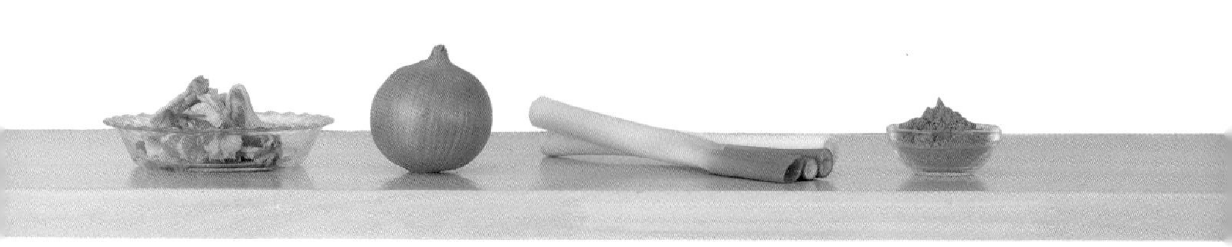

재료(1인분)

돼지고기 다진 것… 50g
양파(슬라이스한 것)… 1/2개(100g)
파(어슷썬 것)… 1/3개(50g)
카레가루… 1작은술
소금… 1/3작은술(2g)
물… 1과 1/2컵

만드는 법

1 냄비에 물을 넣고 한 번 끓인 다음, 돼지고기와 양파를 더해 중불에서 가열한다.
2 양파가 투명해지면 파를 넣는다.
3 한 차례 더 끓였으면 카레가루를 풀고, 소금으로 간한다.

3장
이브닝 수프

222
kcal

부기를 가라앉히고 싶을 때

콜리플라워와 토란이 들어간 두유수프

콜리플라워 : 칼륨 ···› 부기 예방, 나트륨 분해
두유 : 단백질, 리놀레산, 레시틴 ···› 콜레스테롤 감소 작용, 지방대사 촉진
토란 : 칼륨, 뮤신 ···› 부기 예방, 면역력, 고혈압 예방

재료(1인분)

콜리플라워··· 200g
(안쪽 어린잎도 사용, 어슷썬 것)
토란(어슷썬 것)··· 100g
두유(무조정)··· 1/2컵
소금··· 1/3작은술(2g)
후추··· 약간
물··· 1컵

만드는 법

1 냄비에 물과 토란을 넣고, 중불에서 가열한다.
2 토란이 부드러워지면, 콜리플라워를 더하여 익힌다.
3 소금, 후추로 간을 맞춘 다음, 두유를 넣어 중불에서 데운다.

3장
이브닝 수프

158
kcal

감기 기운이 있을 때

비타민 듬뿍 야채 수프

시금치 : 비타민C, 베타카로틴, 칼륨, 철 ···› 항산화 작용, 조혈 작용
브로콜리 : 비타민C, 베타카로틴 ···› 항산화 작용
연근 : 비타민C, 폴리페놀 ···› 감기 예방, 자양강장
올리브유 : 올레인산, 베타카로틴 ···› 정장 작용, 콜레스테롤 예방

재료(1인분)

시금치(3cm 길이로 자른 것)··· 50g
브로콜리(줄기를 떼고 다듬은 것)··· 50g
연근(껍질째 어슷썬 것)··· 100g
다시마(채썬 것)··· 2g
올리브유··· 1/2큰술
간장··· 2작은술
물··· 1과 1/2컵

만드는 법

1 냄비에 물, 브로콜리, 연근을 넣고 중불에서 가열한다.
2 중간에 시금치와 잘게 썬 다시마를 넣고, 연근이 익었으면 올리브유와 간장으로 간한다.

3장

이브닝 수프

열기를 낮추고 싶을 때

닭고기와 여름 채소가 든 카레 수프

닭고기 : 나이아신 ···› 보온 작용, 혈액순환 개선
가지 : 안토시아닌, 폴리페놀 ···› 연소 작용, 시력피로 예방, 항산화작용
파프리카 : 베타카로틴, 비타민C ···› 항산화 작용
고추 : 캡사이신, 베타카로틴, 비타민C ···› 항산화 작용, 피로회복, 보온
생강 : 칼륨, 진게롤 ···› 항산화 작용, 향균 작용, 연소, 발한
카레가루 : 각종 향신료 ···› 연소, 발한, 피로회복

재료(1인분)

닭가슴살(껍질을 벗기고 1cm 깍뚝썬 것)··· 50g
가지(1cm 폭으로 깍뚝썬 것)··· 1개(80g)
파프리카(1cm 폭으로 깍뚝썬 것)··· 1/2개(75g)
고추(1cm 폭으로 깍뚝썬 것)··· 4개(80g)
생강(약간 큼직하게 다진 것)··· 1개(10g)
카레가루··· 1/2큰술
소금··· 1/3작은술(2g)
물··· 1과 1/2컵

만드는 법

1 냄비에 물을 넣고 한 차례 끓인 다음, 닭고기와 야채를 모두 넣고, 중불에서 가열한다.
2 닭고기가 익으면 카레가루를 풀고, 소금으로 간한다.

126
kcal

식욕을 억누르고 싶을 때

감자와 바나나 수프

바나나 : 탄수화물, 칼륨, 올리고당 ···› 디톡스, 정장 작용
우유 : 단백질, 칼슘 ···› 포만감, 에너지원
감자 : 포테토프로틴 ···› 포만감, 비만 방지
대두 : 대두사포닌 ···› 비만 방지

재료(1인분)

바나나··· 1/2개(60g)
감자··· 1개(200g)
대두(삶은 것)··· 40g
우유(저지방)··· 1과 1/2컵
소금··· 약 1/3작은술(1/5g)
후츄··· 약간

만드는 법

1 바나나는 얇게 통썰기한다. 감자는 껍질째 전자렌지(600W)에서 4분간 가열하고, 두께 1cm로 자른다.

2 냄비에 우유, 1의 감자, 대두를 넣고 중불 정도에서 가열한다.

3 감자가 익었으면, 1의 바나나를 넣고, 뜨거워지면 소금, 후추로 간한다.

398
kcal

몸을 식히고 싶을 때 ❶

수박과 토마토를 넣은 차가운 수프

수박 : 베타카로틴, 리코펜, 칼륨 ···› 해소 작용, 항산화 작용, 부기 예방
레몬 : 비타민C, 칼슘, 구연산 ···› 면역력, 피로회복
토마토 : 베타카로틴, 리코펜 ···› 항산화 작용, 면역력, 해독 작용
오이 : 베타카로틴, 칼륨 ···› 노폐물 제거, 이뇨 작용

재료(1인분)

수박··· 200g
토마토(1cm로 깍뚝썬 것)··· 1/2개(100g)
오이(얇게 통썬 것)··· 1개(80g)
레몬즙··· 약간
스위트칠리소스··· 기호대로
소금··· 1/3작은술(2g)

만드는 법

1 수박은 껍질과 씨를 버리고, 믹서에 넣어 주스로 만든다.
2 1을 보울에 넣고 토마토와 오이를 더해, 레몬즙을 넣는다.
3 스위트칠리소스와 소금으로 간한다. 냉장고에서 차갑게 한 다음 그릇에 담는다.

104
kcal

몸을 식히고 싶을 때 ❷

시원한 그린 수프

쥬키니 : 베타카로틴, 비타민C, 칼륨 ⋯▸ 해소 작용, 면역력
피망 : 베타카로틴, 비타민C, 피라진 ⋯▸ 면역력, 항산화 작용, 혈액순환
오크라 : 팩틴, 뮤신 ⋯▸ 정장 작용, 점막 보호, 콜레스테롤 감소

재료(1인분)

쥬키니⋯ 1/2개(80g)
피망⋯ 1개(20g)
오크라⋯ 5개(50g)
일본간장⋯ 1큰술
차가운 물⋯ 1컵

만드는 법

1 쥬키니는 세로로 반으로 잘라, 씨를 그대로 두고 한입 크기로 반달 모양으로 자른다. 피망은 가늘게 채썰어 데친다. 오크라는 소금에 절여서 살짝 데쳐서 얼음물로 식히고, 통썰기한다.

2 미리 준비해둔 1의 재료를 보울에 넣고, 끈기가 생길 때까지 잘 섞는다.

3 차갑게 해둔 물과 일본간장을 넣어 간을 맞추고, 그릇에 담는다.

▶ 더운 날에는, 물을 넣고 냉장해두면 보다 맛있게 완성된다.

48
kcal

두유, 우유, 간장을 넣는 타이밍

두유와 우유는 영양이 매우 풍부한 식재료이기 때문에 건강을 고려한 요리에 꼭 들어간다. 하지만 특유의 풍미나 냄새가 있기 때문에 그것을 어떻게 살려서 요리하느냐에 따라 요리가 보다 맛있어지기도 한다. 수프나 스튜를 만드는 데에 귀한 재료다.

하지만 엉뚱한 타이밍에 넣으면 애써 만든 수프의 맛을 버린다. 하얀 덩어리가 생기면 표면에 막이 있는 수프를 먹게 되기 쉽다. 이래서는 두유와 우유 특유의 질감으로 만든 크리미한 수프가 되지 않는다. 고온에서 긴 시간 가열해서, 단백질이나 지방이 콜로이드입자 상태로 분해되거나, 표현에 우유막이 생겨 나타나는 현상이다.

우유를 야채와 함께 가열하면, 긴 시간 가열하지 않았는데도 덩어리지는 경우도 있다. 이것은 야채가 지니고 있는 타닌 등의 성분이 용해되어 두유와 우유의 단백질과 결합했기 때문이라고도 한다.

게다가 가열하면, 단백질이 열변화하여 타면서 거북한 냄새가 수프 전체에 붙어버린다.

그렇기 때문에 그러한 실패를 피하기 위해 처음에 물이나 다시 육수 등에서 야채와 고기 등을 끓여 익힌 다음에 두유와 우유를 넣고, 데워서 완성한다. 우유를 수프의 국물로 끓이는 경우는, 약불에서 약중불로 천천히 가열한다. 그렇게 하면 두유와 우유의 냄새가 감도는 미끈한 식감의 수프를 실패하지 않고 만들 수 있다.

간장은 두유와 우유처럼 굳지는 않지만, 수프에 넣을 때나 어떤 음식을 만드느냐에 따라서는 완성하기 직전에 넣는 것이 좋다. 간장이 지닌 향을 살리고자 함이다. 간장은 소금과 마찬가지로 짠맛을 내는 조미료이지만, 소금과는 달리 특유의 향이 있다. 희미하게 향이 나는 간장의 냄새를 살리려면, 간장을 넣고 나서 긴 시간 끓이면 안 된다. 모처럼 낸 향기가 날아가버린다.

간장의 향을 능숙하게 살리는 방법은 소금과 함께 사용하는 것. 즉 소금으로 6~7할 맛을 내고, 수프가 완성되기 직전에 간장을 소량만 넣는 것이다. 이렇게 사용하면, 마지막에 소금맛을 확실히 잡을 수 있는 데다 간장의 향기를 살릴 수도 있다.

또 후추 등의 매운 향신료는 재료의 향기를 없애거나 스파이시한 향 그 자체를 요리에 더하는 것, 두 가지 목적으로 쓴다. 향기를 내는 것이 목적일 경우에는 먹기 직전 사용하면 신선한 향을 살릴 수 있다.

보통 아무렇지 않게 사용하는 식재료라도 사용하는 타이밍을 어떻게 바꾸는지에 따라 요리를 보다 맛있게 만들 수 있다.

수프는 번거롭지 않아야 한다

베이스 야채 수프
+ 넣고 싶은 재료

매일 수프를 만들기가 너무 귀찮다면
여러 재료를 넣어서 끓이는 요리로 생각하기 때문일 수 있다.
수프로 체질개선을 하고 싶지만 좀처럼 실행할 수 없다면 이 방법을 추천한다.

베이스 야채 수프를
1주일분 마련해둔다.

이 베이스 야채 수프는, 재료를 잘라서 쪄두기만 하면 된다. 간단하고 시간도,
품도 거의 들지 않는다. 이렇게 맛과 영양분을 끄집어낸 베이스 야채 수프를 만들어두면
나중에는 소분해서 그날의 컨디션과 취향에 따라 다른 재료와 물을 넣어
한 차례 더 끓이기만 하면 완성이다.
다이어트도 체질개선도 되고, 몸에 좋은 맛있는 수프를 원할 때 먹을 수 있다.

베이스 야채 1

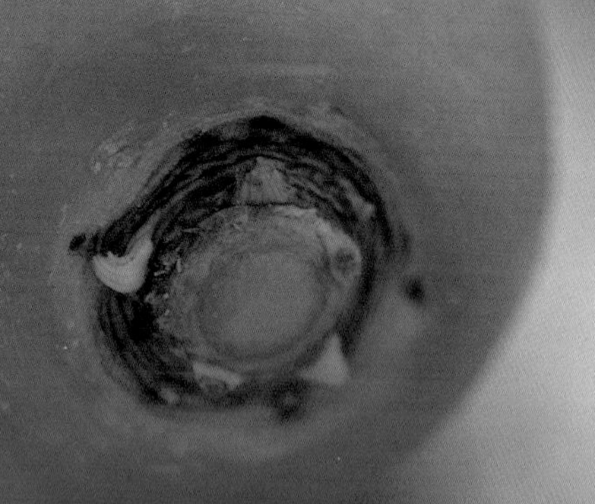

당근

녹황색 채소를 대표하는 야채로, 특징은 베타카로틴의 함유량이 많다는 것. 베타카로틴은 항산화 작용이 있어, 면역력을 높인다. 식물섬유인 펙틴은 수용성이기 때문에, 수프에 사용하면 그 효능을 잘 흡수할 수 있다. 비타민C를 파괴하는 효소인 아스코르비나아제는 가열하면 그 효과가 사라진다.

베타카로틴이나 미네랄은 껍질 바로 안쪽에 많기 때문에, 껍질을 깎지 않고 조리하는 편이 영양을 많이 취할 수 있다. 잎에 많은 영양가가 있기 때문에 잎이 달린 것을 구했다면 버리지 말고 사용하자. 당근의 질이 좋은가 나쁜가는 줄기의 단면으로 판단한다. 단면이 굵은 것은 심 부분도 굵고 단단하기 때문에 가능하면 얇은 것으로 하는 것이다. 당근을 보관할 때는 신문지로 감싸서, 비닐봉지에 넣는다. 심어져 있을 때와 똑같이 세운 상태로 야채칸에 넣으면 오래 보관할 수 있다.

주된 식품성분 가식부 100g당 

비타민

- A..................................... 9100μg　항산화 작용, 면역력을 높인다, 피부, 점막을 보호한다.
- B_1..................................... 0.05mg　뇌와 신경을 활발히한다.
- B_2..................................... 0.04mg　피부와 머리카락 등 세포를 재생한다.
- 나이아신..................................... 0.7mg　혈액순환 개선, 피부 보호, 콜레스테롤 분해.
- B_6..................................... 0.11mg　피부와 점막을 정상으로 보존한다.
- 엽산..................................... 28μg　조혈 작용, 세포 형성.
- C..................................... 4mg　면역력을 높인다, 피부와 뼈를 형성한다.

미네랄

- 칼륨..................................... 280mg　염분 배출
- 칼슘..................................... 28mg　뼈 형성
- 나트륨..................................... 24mg　세포 삼투압, 수분의 조정

식물섬유 총량.................. 2.7g　변비, 비만, 당뇨병 예방

베이스 야채 2

양배추

담색 야채이지만, 영양가는 녹황색 채소에 필적한다. 항산화 작용이 강해, 노화를 예방하고, 면역력을 높인다. '캬베진'(일본 위장약-옮긴이)이라는 이름에서 알 수 있듯 비타민U는 위장 활성화와 보호에 효과를 발휘한다. 특유의 풍미는 함황화합물의 일종으로 이소티오시아네이트라고 하여 면역력을 높이고, 항암성이 있다고도 한다.

잎이 단단하게 감싸여 있는 겨울 양배추는 수프와 푹 끓이는 요리에 적합하고, 봄부터 초여름에 걸쳐 출하되는 봄 양배추는 입이 부드러워 생식에 적합하다. 보관할 때는, 버리지 않고 바깥 잎으로 감싸고, 그 위에 물을 너해 습기를 준 신문지로 감싼 다음, 비닐봉지에 넣어두면 오래 보관할 수 있다. 반으로 잘라 팔고 있는 경우, 심 부분이 부풀어올랐다면, 자르고 나서 시간이 지나 선도가 떨어지기 때문에 피한다.

주된 식품성분 가식부 100g당 

비타민

- A.................................... 50㎍ 항산화 작용, 면역력을 높인다. 피부, 점막을 보호한다.
- B_1.................................0.04mg 뇌와 신경을 활발히한다.
- B_2.................................0.03mg 피부와 머리카락 등의 세포를 재생한다.
- 나이아신..................... 0.2mg 혈액순환 개선, 피부 보호, 콜레스테롤 분해.
- B_6.................................0.11mg 피부와 점막을 정상으로 보존한다.
- 엽산..................................78㎍ 조혈 작용, 세포를 형성한다.
- C.................................... 41mg 면역력을 높인다, 피부와 뼈를 형성한다.

미네랄

- 칼륨............................200mg 염분 배출
- 칼슘..............................43mg 뼈 형성

식물섬유 총량.................... 1.8g 변비, 비만, 당뇨병 예방

베이스 야채 3

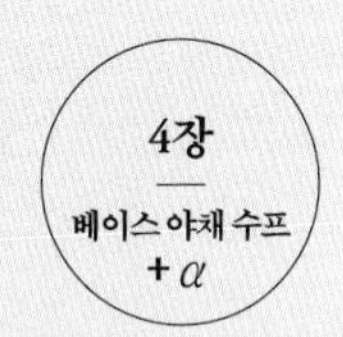

양파

양파는 비타민류 함유량이 적은 야채다. 특징적인 영양 성분은 황화알릴과 케르세틴 2종류. 황화알릴은 양파를 자를 때 눈물을 나게 하는 원인이 되는 성분으로, 비타민B_1의 효과인 촉진, 신진대사 활발화, 피로회복 효과 등을 들 수 있다. 혈액을 부드럽게 하는 작용이 뇌혈전과 동맥경화 예방에도 연관되어 있다고 한다. 또 한편으로는 케르세틴은 폴리페놀계의 화이트케미컬로, 항산화 작용, 항암 작용, 알레르기질환 개선 작용, 콜레스테롤 수치를 낮추는 작용 등 그 효능은 담기 어려울 정도로 많다.

케르세틴은 수용성으로 열에 강하기 때문에 수프에 알맞은 식재다. 시원한 날에는 상온에 두고 보존해도 된다. 껍질의 갈색이 짙어지고, 꽤 건조한 느낌이 있다면 자른 줄기 부분이 가는 것을 고른다. 신양파는 양파를 조숙재배한 것으로 껍질이 얇고, 수분이 많은 것이 특징이다. 부드럽고 매운 기운이 적기 때문에 샐러드 등의 생식으로 많이 쓰인다.

주된 식품성분 가식부 100g당

비타민

- B_1 .... 0.03mg — 뇌와 신경을 활발히한다.
- B_2 .... 0.01mg — 피부와 머리카락 등의 세포를 재생한다.
- 나이아신 .... 0.1mg — 혈액순환 개선, 피부 보호, 콜레스테롤 분해.
- B_6 .... 0.16mg — 피부와 점막을 정상으로 보존한다.
- 엽산 .... 16㎍ — 조혈 작용, 세포 형성.
- C .... 8mg — 면역력을 높인다. 피부와 뼈를 형성한다.

미네랄

- 칼륨 .... 150mg — 염분 배출
- 칼슘 .... 21mg — 뼈 형성
- 나트륨 .... 2mg — 세포 삼투압, 수분 조정
- 철 .... 0.2mg — 조혈 작용

식물섬유 총량 .... 1.6g — 변비, 비만, 당뇨병 예방

베이스 야채 4

버섯(만가닥버섯)

버섯에 많이 함유되어 있는 비타민D에는 칼슘 흡수율을 높이는 효능이 있어 뼈와 치아 형성에 필수다. 필수아미노산의 일종인 라이신은 신체 성장에 빠질 수 없는 영양소다. 활성산소(유해산소)의 제거, 동맥경화 예방, 구내염과 눈의 피로 예방, 면역력을 더하는 등 효과가 있는 비타민B군도 많이 함유되어 있다. 100g당 18kcal 라는 저칼로리 식재이기 때문에 다이어트에 효과적이다.

열을 가하면 영양 성분이 녹아 나오기 때문에 수프 재료로 적합하다. 냉동하면 세포가 파괴되어 맛을 내는 성분이 쉽게 밖으로 나온다. 그렇기 때문에 소분한 상태로 비닐팩에 넣어 냉동하는데, 냉동한 상태로 쓰면 보다 맛있어진다. 균상재배가 널리 행해지고 있는 만가닥버섯은 일본에서는 "혼시메지"라는 이름으로 팔고 있는 곳도 많은데, 자연재배된 혼시메지는 또 다른 종자다.

주된 식품성분 가식부 100g당

비타민

- B_1 .... 0.16mg 뇌와 신경을 활발히한다.
- B_2 .... 0.16mg 피부와 머리카락 등의 세포를 재생한다.
- 나이아신 .... 6.6mg 혈액순환 개선, 피부 보호, 콜레스테롤 분해.
- B_6 .... 0.08mg 피부와 점막을 정상으로 유지시킨다.
- 엽산 .... 28㎍ 조혈 작용, 세포 형성.
- C .... 7mg 면역력을 높인다. 피부와 뼈를 형성한다.
- 비타민D .... 2.2㎍ 칼슘 침착, 골경화증 예방.

미네랄

- 칼륨 .... 380mg 염분 배출
- 철 .... 0.4mg 조혈 작용

식물섬유 총량 .... 3.7g 변비, 비만, 당뇨병 예방

일주일 분의
야채 수프 만들기

양배추, 당근, 양파, 버섯 이 4종류의 야채가 갖추어졌다면,
우선 베이스로 만들 일주일분(6회분)의 수프 만들기부터 시작한다.

만드는 방법은 더할 나위 없이 간단하다.
작게 자른 야채를 큰 냄비에 넣고, 약불로 쪄낸다.
야채에서 맛이 배어져 나왔다면, 물을 넣고 끓이면 된다.
가열 시간은 대략 20분 정도다.
베이스 야채 수프는 이렇게만 해도 완성된다.
자, 야채와 냄비를 준비하여 우선은, 베이스 수프를 만들어보자.

사용한 냄비
용량 약 4리터
(지름 19cm×높이 14cm)

조리시간
약 30분

재료 (6회분)

양배추… 1/2개(600g)
양파… 2개(400g)
당근… 큰 거 1개(200g)
만가닥버섯… 1팩(120g)
물… 6컵(1.2ℓ)
소금… 2작은술
후추… 약간

1 4종류의 야채는 각각 3cm 정도의 크기로 잘라서 준비해둔다.

2 냄비 안에 1의 재료를 전부 넣고 재료가 높이 쌓였다 싶으면 손으로 누르듯이 넣는다.

▶찌는 동안에 부피가 줄기 때문에 냄비에서 넘칠 정도라고 해도 전혀 걱정할 것 없다.

3 2의 야채 위에 물 1큰술(분량 외)을 뿌린다.

4 뚜껑을 덮고, 약불에서 야채에 물방울이 맺힐 정도로 쪄내어 차분히 맛을 끌어낸다.

5 약 15분이 지나면 수분을 놓치지 않도록 야채 전체를 나무주걱으로 구석구석까지 잘 저어준다. 뚜껑을 덮고, 5분간 한 차례 더 끓인다.

6 물을 붓고, 소금으로 밑간을 하고, 중불에서 가열한다.

7 한 차례 더 끓였으면, 후추를 뿌린다. 불을 끄고 그대로 식힌다.

▶한 번 쓸 분량마다 나눠서 보관용기에 넣고, 냉장고에 보관한다. 냉동고에 보존해도 좋다.

▶수프에는 짠맛을 가급적 적게 가미하기 때문에 더운 계절에 상온에 방치해두면, 상할 우려가 있다. 반드시 냉장고에 보관하는 등 보관에 주의하자.

베이스 야채 수프에
효능을 더하자

베이스는 4종류의 야채로 만든 일주일분(6회분) 야채 수프다.
이것을 소분하여, 그날의 컨디션에 맞춰 고른 식재와 물을 더하여 가열하기만 하면 된다. 언제라도 순식간에 만드는 건강하고 맛있는 수프를 먹을 수 있다.

1컵당
64
kcal

매끄러운 피부를 만드는 수프

재료(1인분)

베이스 야채 수프 1컵
(96쪽 참조)

+

닭날개… 1개(65g)
소금… 1/6작은술(1g)
물… 1/2컵
후추… 기호대로

만드는 법

1

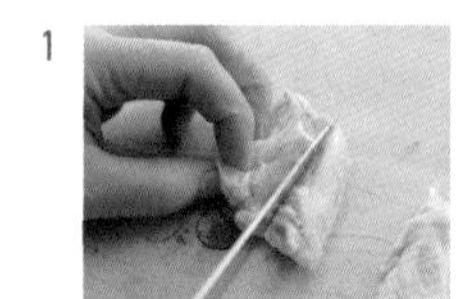

닭날개는 관절을 기준으로 2개로 분리하고, 여기에 닭날개 안의 뼈와 뼈 사이를 세로로 2개로 자른다.

2

냄비에 베이스 야채 수프를 넣고 더 끓게 둔 다음, 1의 닭날개를 넣는다

3

물을 넣고, 닭날개가 익을 때까지 중불로 가열한다. 소금, 후추로 간한다.

뼈가 있는 닭날개는 살결을 매끄럽게 하는 효과가 있는 콜레스테롤이 듬뿍 담겨 있다. 이에 더하여 피부와 점막을 보다 업그레이드하는 비타민A와 비타민B_{12}도 풍부하다. 뼈째 수프로 만들어 이러한 영양을 남기지 않고 얻을 수 있다.

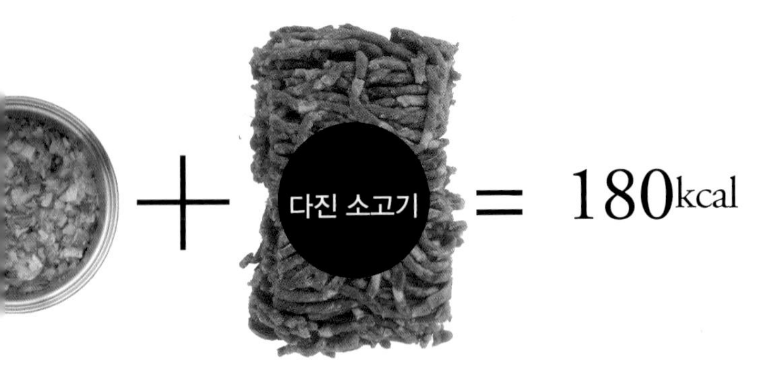

혈액양을 늘려 활기를 주는 수프

재료(1인분)

베이스 야채 수프 1컵
(96쪽 참조)

다진 소고기… 50g
간장… 1작은술(6g)
물… 1/2컵
유자후추… 기호대로

만드는 법

1 
냄비에 베이스 수프인 야채 수프와 물을 넣고, 중불에서 가열하여 한소끔 끓인다. 다진 소고기를 젓가락으로 풀어주면서 넣는다.

2 
물 위에 뜬 거품을 깨끗하게 제거한다.

3 
간장으로 간하고 그릇에 담는다. 유자후추를 뿌린다.

소고기에는 혈액에 있는 적혈구를 증가시키는 철분과 비타민B_{12}가 풍부하다. 몸이 차갑다면 이를 개선하는 효과를 기대할 수 있다. 간장과 궁합이 잘 맞고, 유자폰즈를 더하면 보다 일식에 가까운 맛을 즐길 수 있다.

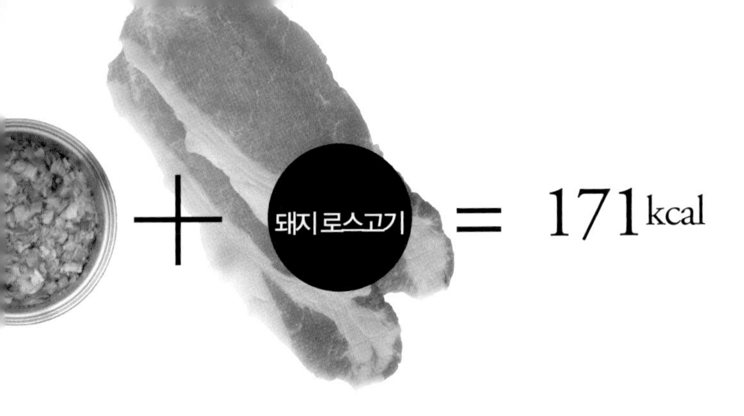

피로회복을 원한다면!

재료(1인분)

베이스 야채 수프 1컵
(96쪽 참조)

\+

돼지로스고기(다진 것)··· 2장(25g)
토마토··· 1/2개(80g)
소금··· 1/6작은술(1g)
물··· 1/2컵
머스터드··· 기호대로

만드는 법

1 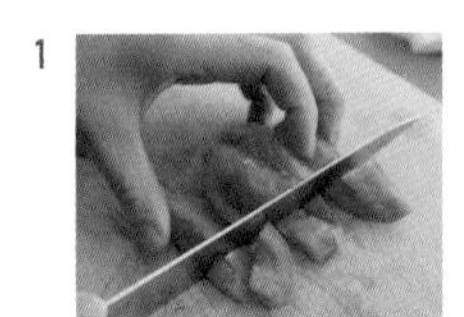

토마토는 가로세로 2cm 크기로 깍뚝썬다. 돼지고기는 폭 2cm 정도로 자른다.

2 

냄비에 베이스 야채 수프를 넣고 중불에서 가열하고, 한 차례 끓으면 물을 넣고 한 번 더 끓인다.

3 

한 번 더 끓였으면, 토마토와 돼지고기를 넣고, 돼지고기가 익으면 소금으로 간한다. 머스터드를 뿌린다.

돼지고기에는 피로회복 비타민이라고 불리는 비타민B_1이 소고기의 10배 전후, 닭고기의 6~7배나 된다. 면역력이 강한 토마토와 조합하면 머스터드의 풍미를 더해 서양식 수프로 만들 수 있다.

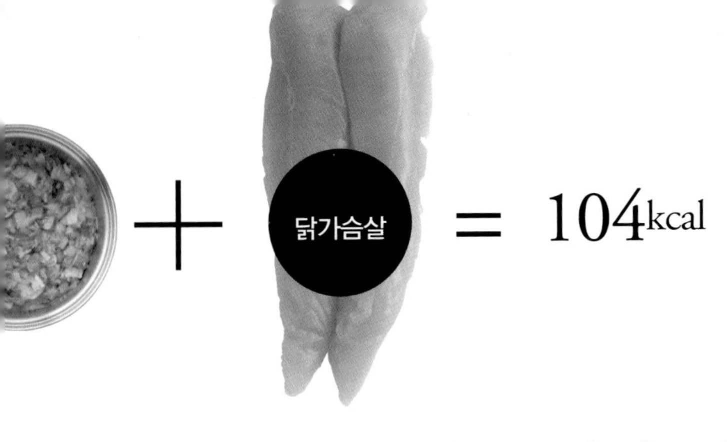

다이어트 효과를 원할 때

재료(1인분)

베이스 야채 수프 1컵
(96쪽 참조)

+

닭가슴살… 1개(55g)
소금… 1/6작은술(1g)
물… 1/2컵
와사비… 기호대로

만드는 법

1 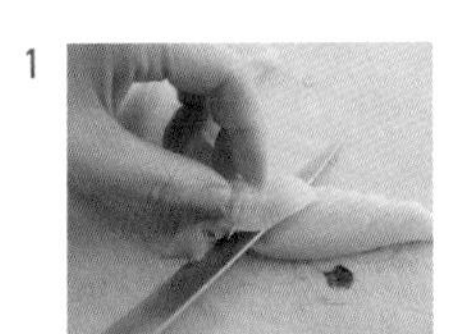
닭가슴살은 근육을 제거한 다음 한입 크기로 비스듬히 저며 썬다.

2 
냄비에 베이스 야채 수프와 물을 넣고, 중불에서 가열한다. 한 차례 끓으면 1의 닭가슴살을 넣는다.

3 
닭가슴살이 반 정도 익을 정도가 되면 소금으로 간한다. 그릇에 옮겨 담고, 와사비를 뿌린다.

닭가슴살은 저지방이면서 양질의 단백질을 함유하고 있다. 그렇기 때문에 다이어트에 매우 적합하다. 지방이 적어 지나치게 가열하면 뻑뻑해진다. 너무 끓이지 않도록 주의하자.

노화방지에 좋은 수프

재료(1인분)

베이스 야채 수프 1컵
(96쪽 참조)

+

새우(머리와 껍질을 뗀 것)… 2미(40g)
바지락(껍데기째)… 4개(6g)
스위트칠리소스… 1큰술
후추… 기호대로
물… 1/2컵

만드는 법

1

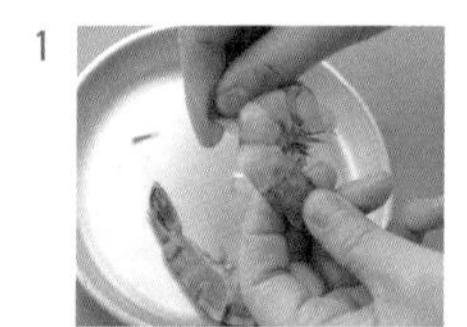

새우는 껍질을 벗긴다. 바지락은 물에 담가 씻어낸다.

2

냄비에 베이스 야채 수프와 물을 넣고, 1의 바지락을 넣는다. 중불에서 가열하고, 바지락이 입을 벌리면, 새우를 넣고 익힌다.

3

스위트칠리소스와 후추를 넣고 간한다.

새우에는 글리신, 아르기닌, 베타인, 바지락에는 글루타민산, 타우린이라는 맛을 내는 성분이 듬뿍 담겨 있다. 단순히 맛이 좋을 뿐만 아니라, 빈혈이나 고혈압 등의 예방에도 좋다. 스위트칠리소스로 아시아풍 음식이 된다.

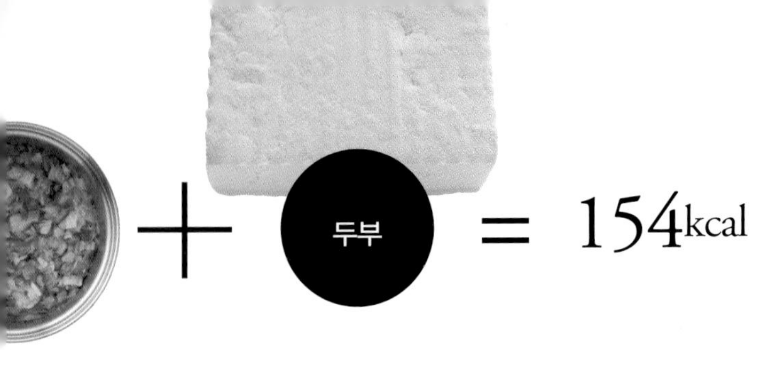

대두가공품으로 단백질을 더하자

재료(1인분)

베이스 야채 수프 1컵
(96쪽 참조)

두부… 1/3정(100g)
토마토(살짝 데쳐서 즙도 넣는다)… 100g
사케… 1/2큰술
간장… 1/2큰술
물… 1/2컵

만드는 법

1

냄비에 베이스 야채 수프를 물과 함께 넣고, 토마토를 더해 중불에서 가열한다.

2

한 차례 끓으면 사케와 간장을 넣어 간한다.

3

두부를 손으로 먹기 좋게 잘라 넣는다. 두부가 뜨거워지면 완성이다.

두부는 원료인 대두와 마찬가지로 콜레스테롤을 전혀 걱정하지 않고 먹을 수 있다. 토마토가 지닌 맛과 영양가를 조합하고 간장으로 맛을 더한다. 약간만 끓여서 두부에 맛이 스며들게 하면, 또 다른 맛을 즐길 수 있다.

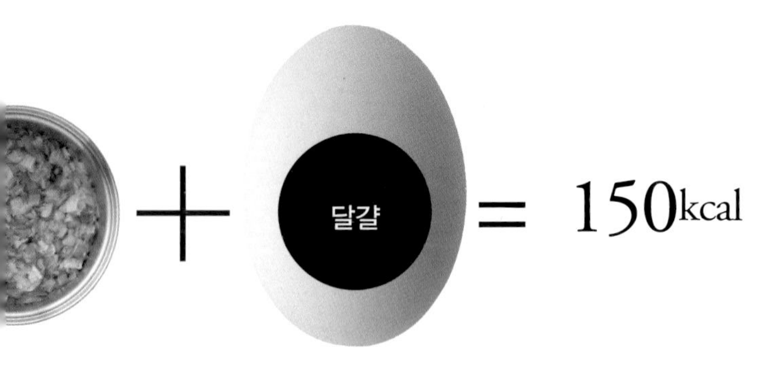

균형감 있는 영양을 위하여!

재료(1인분)

베이스 야채 수프 1컵
(96쪽 참조)

계란… 1개
소금… 1/6작은술(1g)
물… 1/2컵
녹말가루… 1큰술
(녹말가루와 물을 같은 비율로 섞은 것)
식초… 기호대로
산초가루… 기호대로

만드는 법

1 

냄비에 베이스 야채 수프와 물을 넣고 중불에서 가열하여 한소끔 끓인다. 소금으로 간한다.

2 

물에 녹인 녹말가루를 넣고, 균일하게 걸쭉하게 만든다.

3 

강불로 올리고 원을 그리듯이 푼 달걀을 조금씩 흘려 넣는다. 계란이 물 위에 뜨면 전체를 차분히 섞는다. 그릇에 옮겨 담고 식초와 산초가루를 넣는다.

계란에는 비타민C 이외의 병아리가 알을 깨고 나오는 데 필요한 영양이 균형감 있게 들어가 있다. 그렇기 때문에 야채 수프와 더해지면 한 그릇으로 충분한 영양을 얻을 수 있다. 식초와 산초가루로 산라탄 풍으로 만들 수 있다.

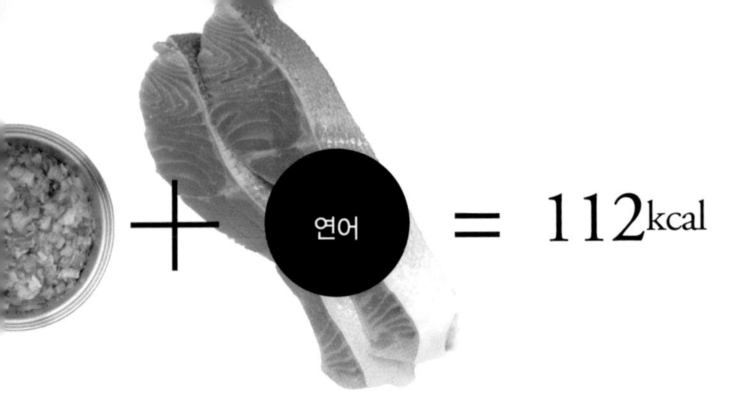

색소가 주는 건강함!

재료(1인분)

베이스 야채 수프 1컵
(96쪽 참조)

+

연어(생연어)… 1조각(80g)
미소… 수북하게 1작은술(8g)
물… 1/2컵
레몬… 기호대로
후추… 기호대로

만드는 법

1

연어는 먹기 좋은 크기로 자른다.

2

냄비에 베이스 야채 수프와 물을 넣고, 중불에서 가열하여 한소끔 끓인다. 1의 연어를 냄비 전체에 넓게 넣고, 익힌다.

3

미소에 소량의 수프를 넣어 풀고, 냄비로 돌아와 간한다. 그릇에 옮겨 담고 레몬을 뿌리고, 후추로 마무리한다.

연어의 색은 아스타크산틴이라는 색소로, 매우 강한 항산화 작용이 있는 카로티노이드계의 화이트케미컬이다. 연어 특유의 냄새를 누그러뜨리기 위해서 미소로 맛을 내고, 레몬으로 비타민C를 강화한다. 소금에 절인 연어를 사용할 때는 염분에 조금 더 신경 쓴다.

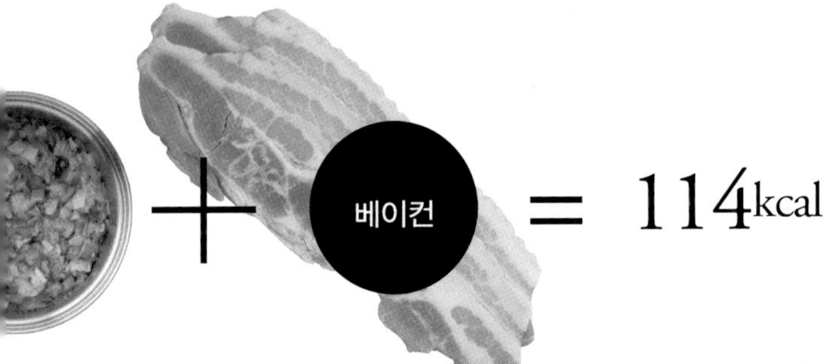

향을 내고 맛을 내는 데 이보다 더 좋을 순 없다

재료(1인분)

베이스 야채 수프 1컵 (96쪽 참조)

+

베이컨… 1장(15g)
토마토케첩… 1큰술
물… 1/2컵
후추… 기호대로

만드는 법

1

베이컨은 2cm 폭으로 사각형 모양으로 자른다.

2

냄비에 베이스 야채 수프, 물, 1의 베이컨을 넣고, 중불에서 가열하여 한소끔 끓인다. 맛을 내기 위한 토마토케첩을 넣는다.

3

냄비 전체를 휘저어주고, 후추를 뿌린 다음 한 번 더 끓인다.

베이컨은 소금에 절인 돼지고기 훈제 가공품이다. 돼지고기와 마찬가지로 비타민B_{12} 등의 영양 성분이 있다. 훈제향과 소금기를 살려, 토마토 케첩과 조화시키면 맛에 깊이가 있는 맛있는 수프로 대변신한다.

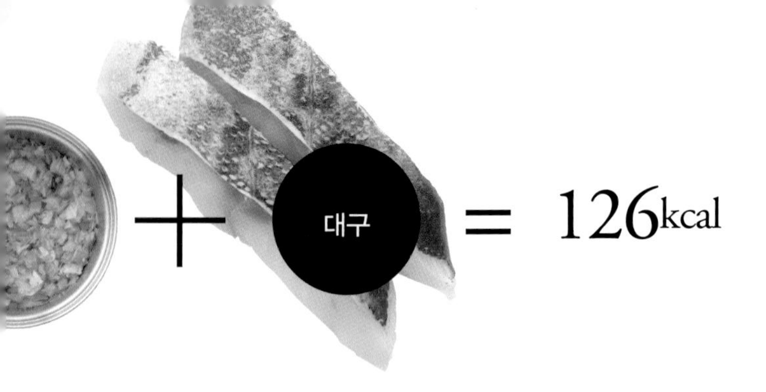

저지방 저칼로리 수프

재료(1인분)

베이스 야채 수프 1컵
(96쪽 참조)

대구(생대구)··· 1토막(80g)
소금··· 1/6작은술(1g)
후추··· 약간
물··· 1/2컵
레몬··· 1조각

만드는 법

1

대구는 껍질을 아래쪽으로 두고 먹기 좋은 크기로 자른다.

2

냄비에 베이스 야채 수프와 물을 넣고, 중불에서 가열한 다음 한소끔 끓인다. 1의 대구를 펼쳐 넣고 익힌다.

3

소금과 후추로 간한다. 그릇에 옮겨 담고, 레몬을 뿌린다.

겨울을 대표하는 흰살 생선 대구는 저지방에 저칼로리에, 소화가 잘되기 때문에, 컨디션이 나쁘거나 거북할 때 적합하다. 담백한 맛은 다른 식재료와 궁합이 잘 맞는다. 여기서는 레몬을 곁들여 마무리했다.

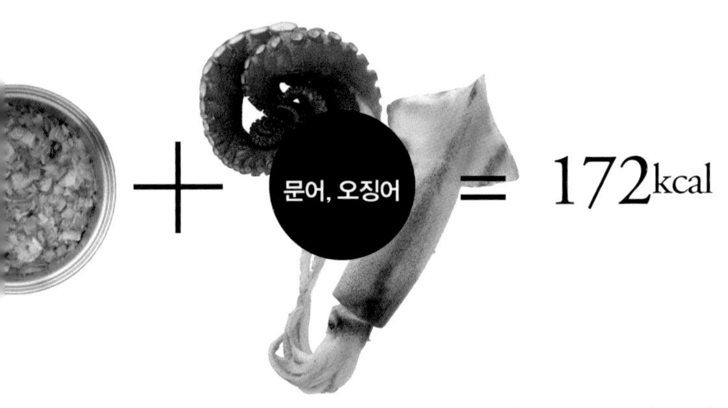

타우린이 가득한 문어와 오징어

재료(1인분)
베이스 야채 수프 1컵
(96쪽 참조)

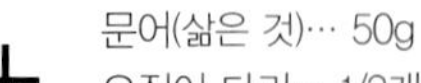

문어(삶은 것)… 50g
오징어 다리… 1/2개(50g)
오징어 내장(간)… 1개분
소금… 1/6작은술(1g)
물… 1/2컵
후추… 약간
실파… 기호대로

만드는 법

1 

오징어는 내장을 제거하고 다리를 5cm 간격으로 자른다. 문어는 큼직하게 토막낸다.

2 

냄비에 베이스 야채 수프와 물을 넣고, 중불에서 가열하고, 1의 문어를 넣는다. 오징어 내장을 더하여 잘 푼다.

3 

수프가 끓으면 오징어 다리를 넣고, 소금, 후추로 간한다. 오징어가 익으면 완성이다. 그릇에 옮겨 담고 실파로 마무리한다.

문어와 오징어는 영양 성분에 공통점이 많은데, 특히 혈관장애를 방지하는 타우린 함유량은 해산물 중에서도 상위에 속한다. 아미노산이 많아 소화도 잘된다. 오징어 내장(간)을 준비하여 감칠맛 나는 맛을 냈다.

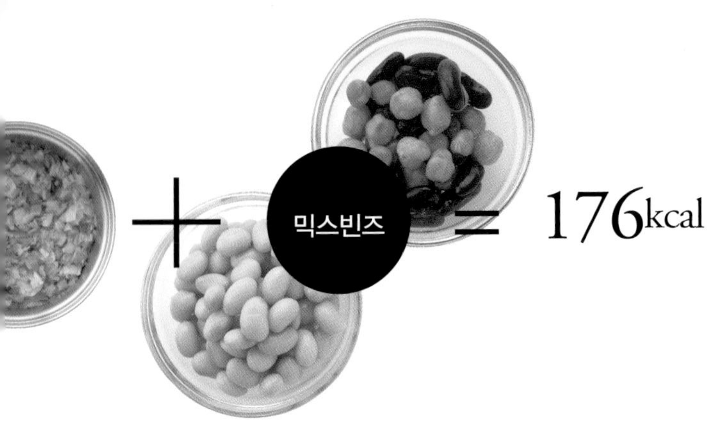

콜레스테롤을 낮추자

재료(1인분)

베이스 야채 수프 1컵
(96쪽 참조)

\+

대두(데친 것)… 30g
믹스빈즈(삶은 것, 시판용)… 30g
소금… 1/6작은술(1g)
후추… 약간
우유(저지방)… 1/2컵
분말치즈… 기호대로

만드는 법

1 
냄비에 베이스 야채 수프를 넣고, 대두와 믹스빈즈를 넣는다.

2 
우유를 넣고, 중불 정도에서 뜨거워질 때까지 가열한다.

3 
소금, 후추로 간한다. 그릇에 옮겨 담고, 먹을 때는 분말치즈를 뿌린다.

대두와 믹스빈즈(병아리콩, 완두콩, 강낭콩)는 식물성 단백질이 가득하다. 그런 콩류와 동물성 단백질인 우유를 베이스 야채 수프에 넣고, 영양 만점의 수프로 만들어보자. 분말치즈의 풍미가 수프의 맛을 보다 높일 것이다.

화이트케미컬과 디자이너스 푸드

먹을 것과 건강에 관심이 있는 사람이라면, 분명 화이트케미컬이라는 단어를 들어본 적이 있을 것이다. 이것은 야채가 병충해로부터 자신을 지키기 위해 스스로 만들어내는 물질을 가르킨다. 참고로 화이트케미컬의 '화이트'는 그리스어에서 식물을 말하는데, 화이트케미컬은 화학을 의미하는 영어의 '케미컬'과 합친 조어다.

화이트케미컬이 주목받는 이유는 이 성분이 몸에 끼치는 좋은 영향이 알려졌기 때문이다. 현재, 건강을 지키기 위해 빠질 수 없는 성분이므로 제7의 영양소라고도 불리며 주목받고 있다.

화이트케미컬은 사람의 몸에 들어가면 항산화 작용을 발휘하여, 활성산소의 공격으로부터 세포를 지켜준다. 그 때문에 암 예방, 동맥경화, 심근경색, 뇌졸중 등 생활습관병의 예방효과를 기대할 수 있다.

이 화이트케미컬은 채소, 두부, 과일 등에 풍부하게 함유되어 있어 그 수는 약 9,000종류를 웃돈다고 하여, 앞으로도 새롭게 많이 발견될 것이라고 한다. 화이트케미컬 중에는 토마토에 많은 리코펜, 대두의 인프라본, 와인의 폴리페놀, 현미의 가바, 차의 타닌과 카테킨 등 이미 잘 알려진 것도 많이 있다. 야채 등이 지니고 있는 색과 향 성분을 가리키며, 떫은 맛의 원인이 되는 쓴맛도 화이트케미컬의 한 종류다.

화이트케미컬은 색소와 화합물 상태에 따라 분류된다. 색소로 나누면 다음과 같다.

- 칼로테노이드균 : 오렌지색, 적베타카로틴, 리코펜, 캡사이신
- 후라포노이드균 : 황색

또 안토시아닌, 이소프라본, 카테킨 등이 있다. 하나의 야채와 과일이 색과 향에서 복수의 화이트케미컬을 지니고 있는 것도 화이트케미컬의 큰 특징이다.
암 발병이 많아지면서 최근 자주 등장하는 말에 디자이너스 푸드가 있다. 이것은 1990년에 미국의 국립암연구소가 중심이 되어 정리한, 암 예방에 효과 있는 야채와 과일을 도식화한 것이다. 가장 효과가 높은 마늘을 정점으로, 피라미드형으로 되어 있다. 식물에 함유된 억제 작용이 있는 성분을 기준으로 하여 암 예방이 가능하도록 디자인(설계)된 식물이다. 35종류 정도의 식물을 꼽고 있는데, 항산화 작용과 활성산호를 억제하는 효과가 확인된 것이다.
이들 디자이너스 푸드는 마늘과 토마토 등 녹황색 채소를 시작으로, 화이트케미컬을 많이 함유하고 있는 야채, 과일과 일치하는 것을 알 수 있다. 요리를 만들 때, 이러한 유효한 식재를 의식적으로 사용하여 암과 고혈압 등 생활습관병을 적극적으로 예방하도록 항상 유의하자.

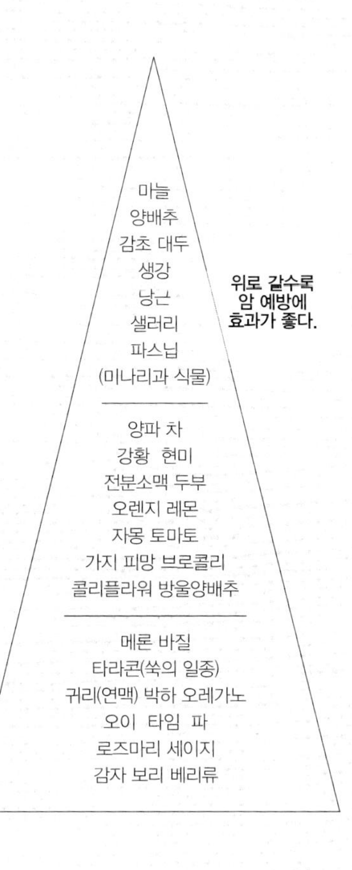

몸의 변화를 오래도록 지속하는

데일리 수프

체질을 개선하려면 습관이 쌓여야 한다. 계속할 것.
그것이 무엇보다 우선되어야 한다!
하지만 식단을 매일 다르게 구성하는 것도 괴로운 일이다.
이 장에서는 그런 고민을 덜 수 있도록 증상에 따라 먹을 수 있는 수프를 소개한다.
이 레시피를 바탕으로 수프를 꾸준히 마시면 좋은 효과를 기대할 수 있다.
내 몸이 얼마나 바뀔까 기대하며 한 걸음 한 걸음 착실하게 시도해보자.

생강과 파가 들어간 걸쭉한 수프

85 kcal

냉증은 만병의 근원이라고 하는데 어찌되었든 골칫거리다. 밤에 손발이 차 잠이 들지 못하거나, 자는 동안에도 발이 차서 눈이 떠지거나 하는 등 체력적으로나 정신적으로나 매우 괴롭다. 몸이 차면 어깨 결림이나 변비의 원인이 되기도 한다.

냉증의 원인은 몸의 혈행이 만성적으로 나빠진 데 있다. 그렇기 때문에 우선은 혈액순환을 좋게 해서 몸을 따뜻하게 하는 것이 중요하다.

몸을 따뜻하게 하는 야채로 마늘과 당근이 있는데, 최근 급격히 주목받고 있는 것이 생강이다. 먹는 중에도 땀이 나는 것을 알 수 있을 정도로 즉효성이 높다. 매운 성분(진게롤)과 향 성분(진기베렌)에는, 살균 효과와 항알레르기 작용도 있다. 볶음 요리의 향미 야채나 사시미의 양념 등 널리 쓰이고, 손쉽게 사용할 수 있다.

여기서는 마찬가지로 보온 효과가 있는 파와 함께 보다 효과적으로 몸이 따뜻해지도록 끈기가 있는 걸쭉한 탕으로 준비했다. 단맛에는 자양강장 효과가 있는 꿀을 사용한다.

재료(1인분)

생강(다진 것)… 1알(5g)
파(다진 것)… 5g
꿀… 1큰술
녹말가루… 2큰술
(물과 녹말가루를 같은 비율로 섞은 것)
물… 1컵

만드는 법

1 냄비에 물을 넣고 한소끔 끓인 다음 생강, 파, 꿀을 넣는다.
2 물과 섞은 녹말가루를 넣고 전체를 빠르게 휘저어 섞어 걸쭉하게 만든다.

두부와 미역이 들어간 두유 수프

243 kcal

쾌식쾌면이라고 한다. 한 가지 더, 쾌변도 매일 쾌적하게 보내는 데 중요한 법이다. 변비에 걸리면, 어떻게 해도 상쾌한 기분이 들지 않고, 실은 건강상으로도 좋지 않다. 뾰루지나 거친 피부, 더욱이 고지혈압과 동맥경화 등 심각한 병으로 이어지기도 쉽다. 변비는 냉한 몸이 원인인데, 대장을 시작으로 하는 내장 기능이 저하되기 때문에 일어난다고 한다.

매일, 수용성 식물섬유를 취하는 것이 변비 개선으로 이어진다. 식물섬유가 수분을 흡수하면 변이 부드러워져 배설이 쉬워진다. 동시에 올리고당 등을 취해 장내의 좋은 박테리아를 지키고, 좋은 장 환경을 조성하는 것이 중요하다.

콩류, 곤약, 미역은 모두 수용성 식물섬유가 풍부하다. 대두는 올리고당이 많고, 대장 기능도 개선한다. 덧붙여 곤약과 미역은 저칼로리이므로 이 수프는 다이어트를 하려는 이에게도 추천한다.

재료(1인분)

대두(삶은 것)… 50g
믹스빈즈(삶은 것)… 50g
곤약… 1/3모(80g)
미역(말린 것)… 1큰술(2g)
소금… 1/3작은술(2g)
후추… 기호대로
두유(무조정)… 1컵
물… 1과 1/2컵
실파(끄트머리 부분)… 기호대로

만드는 법

1 곤약은 소금(1큰술, 분량 외)을 표면에 묻혀두고, 수분과 냄새를 뺀다. 1cm 크기로 깍뚝썬다.

2 냄비에 조미료 이외의 재료를 넣고, 중불 정도에서 가열하고 한소끔 끓으면 소금, 후추로 간한다. 기호에 따라 실파를 넣는다.

비타민 수프

해가 감에 따라 피부의 노화가 진행되는 것은 피할 수 없다. 하지만 그 속도를 늦출 수는 있다. 그러려면 영양을 관리한 규칙적인 식사가 필수다.

칙칙한 피부, 주름, 늘어짐은 피부 그 자체의 건조 등이 원인인 경우가 있는가 하면 혈액순환이 잘 되지 않아 신진대사가 저하된 것이 원인인 경우도 있다. 후자의 경우 비타민류와 식물섬유를 섭취하면 개선 가능하다.

피부 미용을 가꾸는 영양 성분은 다음과 같다.

- 베타카로틴… 비타민A로 바뀐다.
- 비타민C… 노화방지.
- 비타민E… 동안 피부.
- 비타민B_2, B_6… 피부 점막을 보호한다.
- 식물섬유… 장 환경을 정돈하여 디톡스 등을 돕는다.

닭고기는 소, 돼지와 비해 비타민A의 레티놀이 많고, 토마토는 베타카로틴과 리코펜이 풍부하다. 브로콜리는 레몬의 배가 되는 비타민C가 있고, 호두는 비타민B_1과 비타민E가 있어 필수지방산도 풍부하다.

재료(1인분)

닭가슴살(1cm 크기로 자른 것)··· 50g
토마토(1cm 크기로 자른 것)··· 1/2개(100g)
브로콜리(어슷썬 것)··· 100g
호두(껍질 붙은 것)··· 20g
(가볍게 구운 것)
소금··· 1/2작은술(2g)
후추··· 약간
물··· 1과 1/2컵

만드는 법

1 냄비에 물을 넣고 한소끔 끓인 다음, 닭가슴살과 토마토를 넣고 중불에서 가열한다.

2 브로콜리를 넣고 한 번 더 끓여서 익혔으면, 소금 후추로 간한다. 호두를 넣고 냄비에 옮긴다.

양파 껍질을 지지고 볶은 수프

혈액은 혈관을 통해 영양을 몸 전체로 옮긴다. 하지만 영양이 한쪽으로 치우치면 혈액에도 그 영향이 미쳐 인체에 해로운 물질, 예를 들어 당질이나 콜레스테롤이 과하게 들어가 혈액에 섞여 흐른다. 깨끗한 혈액은 부드럽고 유하게 흐르지만, 농도가 짙고 끈적해지면 흐르지 않는다. 그 때문에 부드럽게 흐르지 않고, 혈액순환 장애 등을 일으키기 쉽다.

양파는 마늘과 파와 마찬가지로 혈액을 잘 흐르게 하는 성분인 함황화합물을 많이 함유하고 있다. 이것은 파 특유의 향과 매움의 근원이다. 이 함황화합물의 일종인 황화알릴에는 콜레스테롤의 농도와 혈당치를 낮추는 작용, 혈전예방 등의 효과가 있다.

양파는 하얀 부분뿐만 아니라 갈색 외피에도 황화알릴과 항산화 작용이 있는 케르세틴 등의 성분이 굉장히 많다. 그래서 이 수프는 겉껍질을 끓여서 맛을 낸 국물을 베이스로 삼아 그것을 볶은 양파와 합해 혈액을 부드럽게 하는 효과를 보다 높였다.

▶양파의 겉껍질을 사용할 때는 저농약 재배 혹은 유기농 재배를 한 양파를 사용한다.

재료(1인분)

양파(슬라이스한 것)… 1/2개(10g)
재첩(씻은 것)… 50g
소금… 약 1/3작은술(1/5g)
후추… 약간
양파 껍질 국물… 1과 1/2컵

▶양파 껍질 국물

냄비에 양파 껍질 2개분과 물 500ml를 넣고, 막 끓기 시작하면 약불에서 5분 정도 더 끓여서 맛을 우려낸다. 한 번 걸러내고 사용한다.

만드는 법

1 냄비에 양파를 넣고, 뚜껑을 덮어 약불에서 쪄내어, 투명해질 때까지 익힌다.
2 재첩과 양파 껍질 끓인 물을 넣고, 뚜껑을 덮어 중불에서 가열한다. 재첩 입이 열리면, 소금, 후추로 간한다.

안티에이징에 효과 좋은 차 수프

항상 젊음을 유지하고 싶다고 해도 불로장생의 약이라도 먹는 게 아니면 노화는 멈출 수 없다. 하지만 매일 식습관을 개선하면 노화의 진행을 억제할 수는 있다.

노화는 일종의 산화 작용이다. 이 산화를 방지하려면 항산화 작용 효능을 강화하여 면역력을 높이는 것이 중요하다. 이것이 노화 방지(안티에이징)로 이어지는 것이다.

항산화 작용이 높은 영양소로서 잘 알려진 것은 A, C, E 세 종류의 비타민과 각종 화이트케미컬이다. 아몬드나 올리브유에 포함된 올레인산도 안티에이징 효과를 기대할 수 있다.

이 수프는 노화방지에 빠질 수 없는 비타민C와 폴리페놀이 풍부한 닳인 차를 우려내어 육수로 이용한다. 여기에 베타카로틴을 월등하게 많이 함유하여 비타민류도 풍부한 시금치를 듬뿍 넣어 수프를 마무리하고, 아몬드파우더와 올리브유를 더해 상승 효과를 얻을 수 있게 했다.

재료(1인분)

찻잎… 1큰술
시금치(잘게 다진 것)… 100g
아몬드파우더… 20g
올리브유… 1/2큰술(6g)
소금… 1/3작은술(2g)
물… 1과 1/2컵

만드는 법

1 냄비에 물과 찻잎을 넣고 약불에서 찻물을 우려낸 다음, 차를 걷어낸다.
2 1의 뜨거운 차에 아몬드파우더를 넣고 가볍게 섞는다.
3 시금치를 넣고 익힌 다음 소금으로 간한다. 마지막에는 올리브유를 넣는다. 그릇에 담고 원한다면 아몬드파우더를 더 넣어도 좋다.

녹황색 채소가 들어간 아보카도 수프

몸에는 모르는 사이에 독소와 노폐물이 쌓인다. 스트레스나 편식 등 그 원인은 다양하다. 한곳에 모인 독소와 노폐물을 그대로 두면, 피부가 거칠어지고 건강을 해치는 원인이 된다. 그것을 피하기 위해서 독소를 몸에서 배출하는 디톡스가 필요한 것이다.

독소나 노폐물은 배변과 이뇨로 함께 배설된다. 변비가 생기는 것은 그러한 독소가 체내에 고여 세균을 번식하게 해서 몸에 악영향을 주기 때문이다.

양파 등에 함유된 미량미네랄에 포함된 케르세틴은 간의 지방 대사를 좋게 하고, 항산화 작용도 있다. 양파와 마늘에 함유된 함황화합물에는 살균 작용이 있다. 아보카도는 식물섬유가 많아 간 기능을 강화할 수 있다. 당근에는 항산화 작용이 있는 베타카로틴이 풍부하다. 푸른 차조기에서는 베타카로틴, 비타민류, 미네랄을 취할 수 있고, 향 성분이 있는 페릴알데히드의 살균력은 알레르기 체질개선 등에 이용할 수 있다.

재료(1인분)

당근(가늘게 채썬 것)… 1/4개(50g)
양파(어슷썬 것)… 1/2개(100g)
마늘(반으로 자른 것)… 1편(5g)
샐러드유… 1작은술(4g)
아보카도(먹기 좋은 크기로 자유롭게 썰기)
… 1/2개(50g)
소금… 1/3작은술(2g)
물… 1과 1/2컵
푸른 차조기잎(1cm로 자른 것)… 3장

만드는 법

1 냄비에 샐러드유를 넣고, 당근, 양파, 마늘을 넣어 약불에서 잘 볶는다.
2 야채가 투명해지면 아보카도와 물을 넣는다. 전체를 잘 섞으면서 익히고 소금으로 간한다.
3 그릇에 담고, 차조기를 뿌린다.

칼슘 듬뿍 우유 수프

165
kcal

골다공증은 남성보다도 여성이 걸리는 확률이 높은 편이다. 특히 폐경기 초기에 걸린 케이스가 많다.

칼슘 등의 미네랄 부족이 원인으로, 뼈가 약해지는 것이다. 그렇기 때문에 칼슘이 많은 식사를 하는 것이 중요하다. 무리한 다이어트는 체내에 축적된 칼슘을 줄일 우려가 있기 때문에 주의해야 한다. 또, 시판되는 인스턴트식품이나 가공식품에는 인 함유량이 많은 것이 있다. 칼슘 흡수를 방해하는 작용이 있기 때문에, 지나치게 섭취하지 않도록 주의한다.

우유는 칼슘이 풍부하고, 필수아미노산도 매우 좋은 밸런스로 취할 수 있다. 젓당은 칼슘 흡수를 돕는 효능이 있어 장내의 좋은 역할을 하는 세균도 활성화된다. 시금치는 칼슘이 많다. 동시에 가쓰오부시는 양질의 단백질이며 칼슘도 흡수가 잘 된다.

재료(1인분)

시금치(다진 것)… 100g
우유(저지방)… 1과 1/2컵
가쓰오부시… 2g
소금… 1/3작은술(2g)

만드는 법

1 냄비에 시금치를 넣고, 뚜껑을 덮어 약불에서 1분간 정도 쪄낸다.
2 시금치가 익으면, 우유와 가쓰오부시를 넣고 중불에서 한소끔 끓인 다음, 소금으로 간한다.

철분을 제대로 취하는 일식 수프

78 kcal

인간의 몸에서 철은 이른바 적혈구의 근원이라고 말해도 좋다. 철분이 결핍되면, 현기증 등의 빈혈을 일으킨다. 하루에 남성은 10mg, 여성은 12mg, 더욱이 임신 중에는 15~20mg이 필요하다. 미량이지만 빠뜨려서는 미네랄이다.

철분은 고기, 해산물, 야채, 해조 등 대개의 식재에 포함되어 있다. 종류가 2개 있는데, 육류와 해산물에 포함된 철분은 '헴철분'이라고 해서 잘 녹아서 흡수가 잘되고, 야채나 해조에 포함된 철분은 '비헴철분'이라고 해서 잘 녹지 않아 흡수도 어렵다고 할 정도로 성질이 다르다. 그렇기 때문에 야채에서는 철분을 흡수하려면 비타민C나 소화효소가 필요하다. 또 적혈구의 주성분인 단백질을 취하는 것도 빈혈 개선에는 중요하기 때문에 단백질과 비타민C를 철분과 함께 흡수하도록 한다.

이 수프에서는 조개로 양질의 단백질과 철분을 취한다. 톳과 소송채는 철분이 많고, 소송채에는 비타민C도 많다. 철분이 많은 참깨는 흡수가 잘 되도록 갈아서 수프 위에 뿌린다.

재료(1인분)

바지락… 100g
톳(말린 것)… 5g
소송채(다진 것)… 100g
간장… 2작은술(12g)
물… 1과 1/2컵
흰 참깨(빻은 것)… 1큰술

만드는 법

1 바지락은 물에 넣고 씻어두고, 톳은 물로 가볍게 씻는다.
2 냄비에 물을 넣고 소송채, 1의 바지락과 톳을 넣고 뚜껑을 덮은 다음 중불에서 가열한다.
3 바지락이 입을 열면 간장으로 간한다. 그릇에 닮고 빻은 깨를 뿌린다.

뿌리채소를 으깨어 즙으로 만든 수프

컨디션이 약간 무너지면 바로 목이 붓고 염증을 일으키는 등 목의 트러블은 굉장히 괴롭다. 수분을 보충하고 목의 건조함을 방지하거나 땀을 흐리는 것도 유효한 대응법이다.

체질적으로 목이 약한 사람은 항상 비타민류, 미네랄, 화이트케미컬을 함유한 야채를 취해, 염증이 잘 생기지 않는 체질로 바꾸는 것이 중요하다. 특히 염증을 가라앉히는 비타민A와 비타민C는 지속적으로 취하는 것이 좋다.

연근의 떫은 성분인 타닌은 목의 부기와 기침을 가라앉히는 데 유효하다. 끈적끈적한 뮤신에는 점막을 보호하는 효능이 있다. 또 당근은 비타민A로 바꾸는 베타카로틴을 뛰어나게 많이 함유하고 있다.

이 레시피에서는 영양을 잘 흡수할 수 있도록, 연근과 당근을 으깨어 사용했다. 목의 통증 등을 완화시키는 효과가 있는 벌꿀로, 단맛을 내 마무리했다.

재료(1인분)

연근(껍질째)… 100g
당근(껍질째)… 100g
간장… 2작은술(12g)
꿀… 1/2큰술
물… 1과 1/2컵
참기름… 1작은술(4g)

만드는 법

1 연근과 당근을 간다.
2 냄비에 물을 넣고 1의 연근과 당근을 넣어 한소끔 끓인다.
3 간장, 꿀을 넣어 간하고, 마지막으로 참기름을 두른다.

감자 수프

185 kcal

인슐린은 췌장에서 분비되는 호르몬의 하나로, 혈액의 포도당을 에너지로 바꾸는 효능이 있다. 하지만 인슐린이 분비되지 않거나 부족하여 충분히 기능하지 않으면 포도당이 그대로 혈액에 머물러버린다. 이 상태가 당뇨병이다. 세균이 혈당을 먹이로 하여 증식하면 방광염에 걸리기 쉽다. 더욱이 뇌졸중, 요독증, 신경장애 등의 합병증으로 이어져 위험성이 높다.

당뇨병을 예방하는 방법은 2가지다. 몸을 따뜻하게 해서 혈당을 연소시키는 것과 과잉 공급된 혈당을 흡수하지 않도록 식물섬유를 취하여 배설하는 것이다. 어쨌거나 영양 밸런스를 취하는 것이 중요하다.

감자에는 당질을 분해하는 효능이 있어, 여기에 포함된 단백질인 포테토프로테인은 소화 시간을 길게 한다. 목이버섯이나 콩나물류는 식물섬유를 많이 포함하고 있다. 식초에는 당질 흡수를 늦추고 혈당의 상승을 억제하는 작용이 있다. 달걀의 렌틴에는 혈관을 맑게 하는 효과가 기대된다.

재료(1인분)

감자(껍질째, 얇게 나박썰기)… 100g
목이버섯(건조)… 5g
콩나물(혹은 숙주나물)… 100g
달걀… 1개
소금… 1/3작은술(2g)
식초… 1큰술
물… 1과 1/2컵
후추… 기호대로

만드는 법

1 목이버섯은 미온수에 담가 풀고, 밑둥을 잘라낸다.
2 냄비에 물을 넣고, 1의 목이버섯과 감자를 넣어 중불로 가열한다. 감자가 익으면 콩나물을 넣고 한 차례 더 끓인다.
3 식초를 넣은 다음, 달걀을 나눠 넣고 뚜껑을 덮어 기호에 맞게 달걀이 익을 정도로 가열한다. 소금으로 간하고 그릇에 담은 다음 후추를 친다.

▶식초를 첨가한 수프에 달걀을 넣어 가열하면 흩어지지 않고 하나로 뭉쳐버린다.

혈액을 맑게 하는 미소 수프

285 kcal

지방에는 콜레스테롤과 중성지방이 있어 콜레스토롤 수치가 높으면 고콜레스테롤 혈압이라고 한다. 고콜레스테롤 혈압과 비슷한 병명에 고지혈증이 있는데, 고지혈증은 지질이상증이라고도 하여, 혈액에 흐르는 지방량이 기준치 이상으로 높아지는 병이다. 앞서 언급한 것들은 모두 지방을 과다 섭취한 것이 원인인 경우가 많은 병이다.

식사로 예방하려면 영양 밸러스를 잘 맞춰서 비타민, 미네랄, 식물섬유를 제대로 취해야 한다. 고콜레스테롤인 사람은 콜레스테롤을 많이 함유한 고기 등을 피하는 식이다. 중성지방이 높은 사람은 당질이나 술량을 줄여야 하겠다.

튀긴 두부는 대두와 마찬가지로 콜레스테롤을 함유하지 않아 혈액에 흐르는 콜레스테롤을 낮추는 작용이 있다고 알려져 있다. 낫토의 낫토키나아제는 혈전을 용해시키는 효소로 주목받고 있다. 오크라는 펙틴에 정장 작용이 있으며, 갈락탄이 단백질의 소화흡수를 돕는다. 고추에는 지방을 연소하는 효과가 있다.

재료(1인분)

튀긴 두부… 100g
오크라… 3개(30g)
고추… 3개(15g)
미역(말린 것)… 2g
낫토… 1팩(40g)
미소… 2큰술
샐러드유… 1/2작은술
물… 1과 1/2컵

만드는 법

1 튀긴 누부는 열탕에서 2~3분간 데쳐 기름을 빼고, 반으로 잘라 끝에서부터 5mm 폭으로 얇게 자른다. 오크라는 소금에 절여 동그랗게 통썰기한다. 고추도 마찬가지로 단면이 동그랗게 나오도록 얇게 자른다.

2 냄비에 물을 넣고 튀긴 두부를 넣고 중불에서 가열한 다음 한소끔 끓인다. 그 다음 된장을 푼다.

3 오크라, 고추, 미역을 넣고, 한 번 더 끓이고, 약불로 낮춰 낫토를 넣고 데운다. 샐러드유를 넣고 그릇에 옮겨 담는다.

참마와 버섯 수프

90
kcal

고혈압의 원인은 염분 과다섭취를 비롯해 다양하다. 염분은 혈관의 근육을 수축시켜 혈액의 흐름을 악화시킨다. 그 결과 혈압이 상승해버리는 것이다. 고혈압의 무서운 점은 뇌졸중이나 심근경색 등으로 이어진다는 점. 염분의 하루 섭취량은 6g으로, 생각보다 적다. 수분을 많이 취하는 것도 몸이 차가워져 고혈압과 연관되기 때문에 주의해야 한다.

혈액순환을 개선하면 혈압을 낮추는 데 도움이 된다. 혈압을 낮추는 작용이 있는 야채와 여분의 염분을 몸에서 내보내는 칼륨을 많이 함유한 야채를 섭취한다.

참마는 칼륨을 많이 함유하고 있고, 이뇨 작용이 있다. 표고버섯과 만가닥버섯 등의 버섯에는 혈압을 낮추는 작용이, 식초에는 혈압저하 작용이 있다. 생강은 몸을 데우고, 지방을 연소시키는 데 적합하다.

이 수프에는 소금과 간장 등의 조미료를 사용하지 않는다. 버섯의 풍미와 식초만으로도 충분히 맛을 기대할 수 있다.

재료(1인분)

참마(껍질째, 얇게 어슷썬 것)… 100g
표고버섯(밑둥 살리기, 어슷썬 것)… 50g
만가닥버섯(밑둥 살린 것)… 50g
식초… 1큰술
물… 1과 1/2컵
생강(다진 것)… 1개(10g)

만드는 법

1 냄비에 물을 넣고, 참마, 표고버섯, 만가닥버섯을 넣고 중불에서 열을 가한다.

2 참마가 부드러워지면 식초를 넣고 한 차례 끓인 다음 그릇에 담는다. 생강을 듬뿍 올린다.

혈행을 부드럽게 하는 콩 수프

갱년기는 여성이 폐경에 이르는 시기를 말한다. 이 즈음은 호르몬의 밸런스가 나빠지고, 동시에 하반신이 차가워지기 쉬워 체질이 변한다. 그것이 원인이 되어, 심장의 두근거림이 심해지고, 현기증이 생기거나 머리로 피가 쏠리는 데다 요통, 두통 등의 증상이 나타난다. 이러한 증상을 개선하려면 몸을 따뜻하게 하여 피의 흐름을 유하게 하고, 심신을 안정시키는 것이 중요하다.

당근은 면역력을 높이고, 몸을 데우는 역할을 한다. 팽이버섯은 미네랄류가 많고, 만가닥버섯과 함께 식물섬유가 많아 변비 예방에 효과적이다. 양파 역시 몸을 데우고, 양파에 있는 성분인 황화알릴은 신진대사를 활발히한다.

대두와 두유는 영양 밸런스가 좋아 조혈을 돕는 엽산도 많다. 대두사포닌에는 혈액에 있는 콜레스테롤 수치를 낮추는 효능이 있다. 식물의 배아에 많이 포함된 이소후라본에는 여성호르몬을 보충하는 효능이 있다. 삶은 대두는 하루 정도 물에 불리고 15~20분정도 물에 담긴 상태로 불에 올리면 완성된다. 콩을 삶았던 물은 대두 성분이 듬뿍 녹아들어가 있다. 그렇기 때문에 효과를 보다 높이기 위해서 삶은 물로 수프를 만든다.

재료(1인분)

당근(가늘게 채썬 것)… 30g
양파(어슷썬 것)… 20g
팽이버섯(폭 1cm로 자른 것)
… 50g
만가닥버섯(밑동 자른 것)… 50g
대두(삶은 것)… 50g
소금… 1/3작은술(2g)
후추… 기호대로
두유(무조정)… 1/2컵
대두 삶은 물… 1컵(삶은 물이 없다면 물)

만드는 법

1 냄비에 대두 삶은 물을 넣고, 당근을 더해 중불에서 가열한다. 양파, 팽이버섯, 만가닥버섯, 대두를 넣고 익힌다.
2 두유를 넣어 약불에서 열을 가한다. 따뜻해지면, 소금으로 간한다. 그릇에 옮겨 담고 후추를 친다.

REGISTERED TRADE MARK
S&B
Curry Powder
エスビーカレー
PREPARED BY
S&B SHOKUHIN CO., LTD.
TOKYO JAPAN
GABAN
BLACK PEPPER
柚子こしょう
mizkan
味酢

수프의 맛을 다양하고 풍부하게 하는 조미료

수프도, 다른 요리와 마찬가지로 같은 맛이 계속되면 질리기 때문에 오래 먹기가 힘들다. 맛에 조금만 변화를 주고 싶을 때 손쉽게 쓸 수 있는 조미료는 후추, 매운 맛을 더하는 시치미, 유자폰즈 등이 있다. 아주 약간 첨가하는 것만으로도 맛에 변화를 줄 수 있다. 향이 강한 올리브유나 참기름 등의 기름류, 산미가 있는 식초 등도 효과적이다. 맛에 변화를 주고 싶을 뿐만 아니라 면역력을 높이거나 혈압을 낮추는 등의 효과도 따라온다. 다양한 시도를 통해 자기만의 수프를 만들어도 좋다.

- 카레가루
- 올리브유
- 매운 맛 : 타임, 후추, 드라이파슬리 등
- 양념 : 유자폰즈, 시치미, 산초가루 등
- 참기름
- 와사비
- 식초

수프에 더하는
효과를 업시키자

차

면역력 증강
항균 작용
이뇨 작용

수프를 만들 때에 몸에 좋은 효과도 더하는 식재를 더해 맛을 봐도 좋다. 이 책에서는 볶은 양파의 겉껍질이나 찻잎, 대두 삶은 물을 활용했다. 이 밖에도 양을 늘리거나 향을 첨가해보거나 걸쭉하게 만들거나 풍미를 더하는 효과를 간단하게 낼 수 있는 재료가 많다.

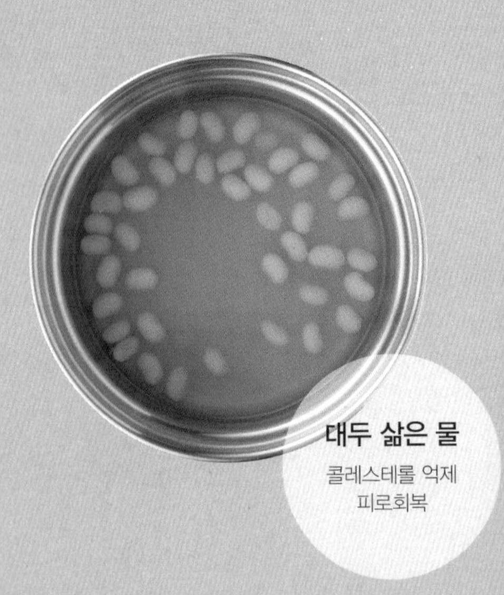

대두 삶은 물

콜레스테롤 억제
피로회복

양파 껍질

항산화 작용
혈압저하 작용
피로회복

곤약과 감자 등의 식재는 수프에 새롭게 더해도 비만으로 이어지기 힘들기 때문에, 양을 늘려 사용해도 좋다

곤약

저칼로리
비만 해소

감자

비만 방지
이뇨 작용
고혈압 예방

마늘, 낫토, 벌꿀 등은 처음에 넣어 끓이면 안 된다. 마지막에 넣어 각각의 효능을 수프에 살려 넣는다.

마늘
피로회복
자양강장
항산화 작용

낫토
동맥경화 예방
콜레스테롤 억제

벌꿀
각종 미네랄 보강
살균 작용
소염 작용

칡가루와 녹말가루는 물과 함께 녹인 상태로 가열하면 미끈한 걸쭉함이 생긴다. 목넘김이 좋아지기 때문에 고령자에게도 먹기 쉬운 수프를 만들 수 있다. 걸쭉한 수프는 쉽게 차가워지지 않기 때문에 몸을 데우거나 추운 날 먹기에 효과가 좋다.

칡가루, 녹말가루
매끄럽게 걸쭉함을 만들어준다.

완성된 수프를 그릇에 담고 나서 위에 뿌리면 좋은 것에는 후추 등의 향신료류가 있는데, 호두, 아몬드, 푸른 차조기 잎, 가쓰오부시, 빻은 참깨 등도 좋다. 몸에 좋을 뿐만 아니라 향, 씹는 맛, 풍미 등을 살리는 데 제격이다.

호두, 아몬드
노화 방지
피로회복

푸른 차조기 잎
살균 작용
소염 작용
면역력 증강

가쓰오부시
풍미를 더한다

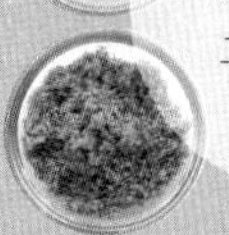

빻은 참깨
노화 방지
고혈압 예방
보온 작용

찾아보기

야채 · 버섯 · 과일

고기 · 유제품 · 달걀

어패류

가공품 · 건조품 · 그 외

조미료 · 향신료

옮긴이 조혜정

일상이 풍요로워지는 컨텐츠를 기획하고 번역하고 있다.
번역한 책으로는 『사계절 건강 수프』가 있다.

사계절
건강 수프

초판 1쇄 인쇄 2019년 1월 14일
초판 1쇄 발행 2019년 1월 21일

지은이 하마우치 치나미
옮긴이 조혜정
책임편집 조혜정
디자인 그별
펴낸이 남기성

펴낸곳 주식회사 자화상
인쇄,제작 데이타링크
출판사등록 신고번호 제 2016-000312호
주소 서울특별시 마포구 월드컵북로 400, 2층 201호
대표전화 (070) 7555-9653
이메일 sung0278@naver.com

ISBN 979-11-89413-30-9 13590

이 도서의 국립중앙도서관 출판예정도서목록(CIP)은
서지정보유통지원시스템 홈페이지(http://seoji.nl.go.kr)와
국가자료공동목록시스템(http://www.nl.go.kr/kolisnet)에서 이용하실 수 있습니다.
(CIP제어번호: CIP2019001054)